妈咪必备的

儿童棒针教材

张翠　主编

妈咪必备

手编系列

海峡出版发行集团 THE STRAITS PUBLISHING & DISTRIBUTING GROUP | 福建科学技术出版社 FUJIAN SCIENCE & TECHNOLOGY PUBLISHING HOUSE

图书在版编目（CIP）数据

妈咪必备的儿童棒针教材 / 张翠主编. —福州：福建科学技术出版社，2017.1

（妈咪必备手编系列）

ISBN 978-7-5335-5226-8

Ⅰ.①妈… Ⅱ.①张… Ⅲ.①童服－棒针－毛衣－编织－教材 Ⅳ.①TS941.763.1

中国版本图书馆CIP数据核字（2016）第311960号

书　　名	**妈咪必备的儿童棒针教材**
	妈咪必备手编系列
主　　编	张翠
出版发行	海峡出版发行集团
	福建科学技术出版社
社　　址	福州市东水路76号（邮编350001）
网　　址	www.fjstp.com
经　　销	福建新华发行（集团）有限责任公司
印　　刷	福建地质印刷厂
开　　本	889毫米×1194毫米　1/16
印　　张	6
图　　文	96码
版　　次	2017年1月第1版
印　　次	2017年1月第1次印刷
书　　号	ISBN 978-7-5335-5226-8
定　　价	29.80元

书中如有印装质量问题，可直接向本社调换

Contents 目录

起针方法

常用领口编织方法

袖山经典计算方法

袖子加（减）针经典计算法

编织实例

起针方法

在织衣服前最先要知道的是起针数，然后才是起针方法。起针的方法相信很多读者在各网站及相关基础书中都学到不少，这里教给大家的是一种最常用且实用漂亮的起针方法。在教起针方法前我们还是先来了解一下起针数。

在选好要织的衣服款式后，因自己实际要织的衣服大小和图书上的大小不一样，这个时候读者会很难知道实际的起针数。

起针数计算方法

我们先织个小样片，在小样中10cm^{2}的范围内数出有多少针多少行，然后算出1cm^{2}多少针多少行。再结合自己想织的尺寸，就可以算出起针数了。

假设你所需要的毛衣长度为
宽：20cm；长：30cm

我们测量的密度是
宽：10cm有17针
长：10cm有28行
那么你所要织的毛衣的针数为
宽：20×1.7=34针
长：30×2.8=84行

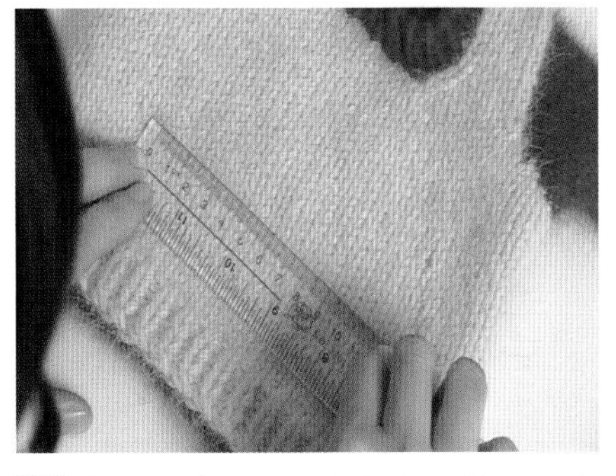

1 先量一个10cm的宽度，数一下有多少针，示例有17针。

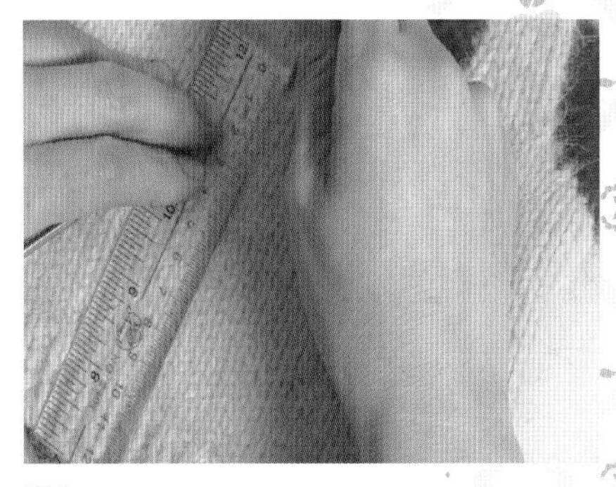

2 再量一个10cm的长度，数一下有多少行，示例有28行。

机器边起针法

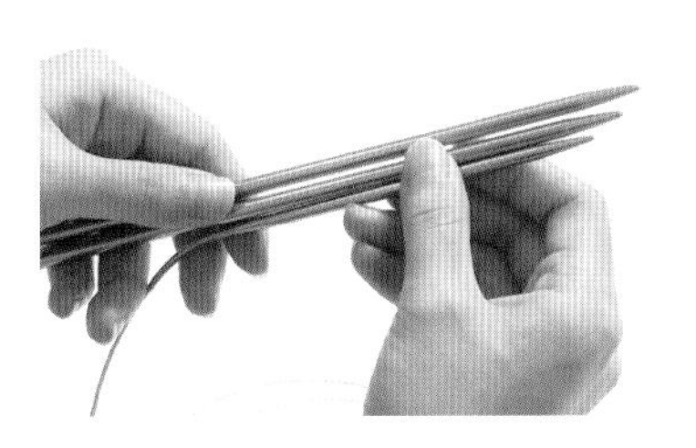

1 需准备两根直针和一根环形针，直针的号数比环形针小两号。

2 用其中一根直针和环针如图所示绕线起针，绕线的圈数为要起针数的一半，即起20针就绕10圈。

3 绕好后拔出环形针留下软绳部分，开始织平针。

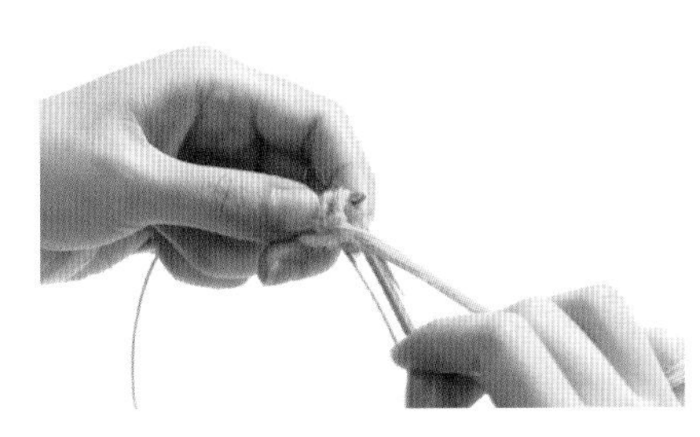

4 在反面织反针。

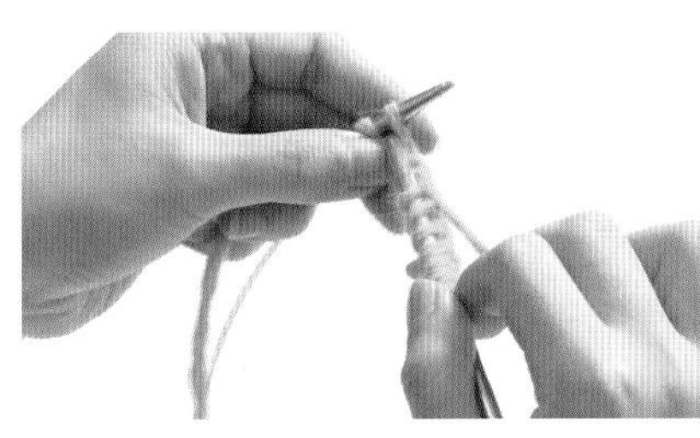

5 正面再织一行平针。

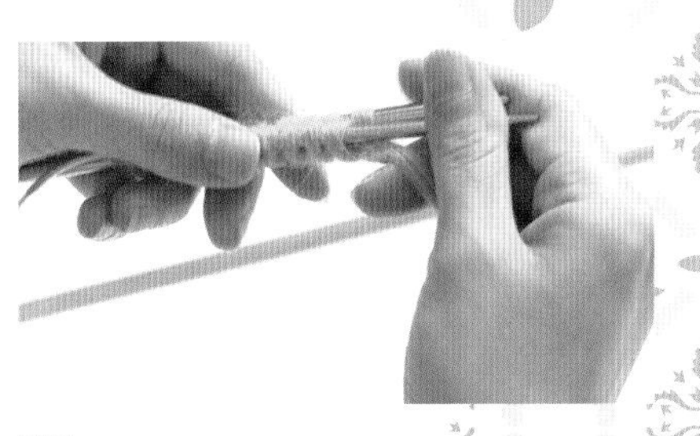

6 织好后，将环形针软绳上的线圈移到棒针上，如图所示开始挑针，要注意的是先挑直针上的再挑环形针上的。

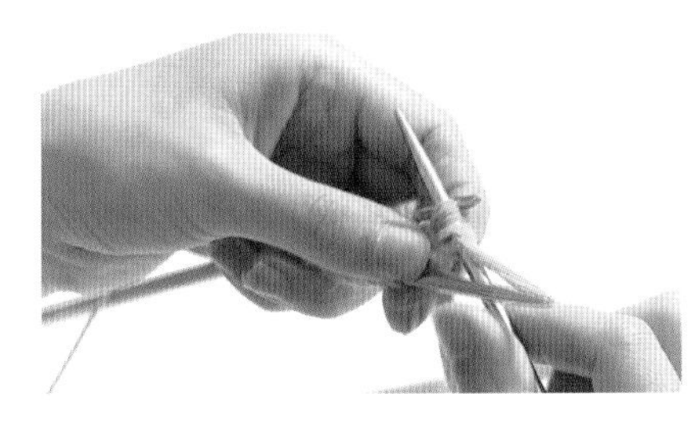

7 现在以双罗纹为例，先从直针上挑2针，再从环形针上挑2针。

8 机器边完成。

常用领口编织方法

很多新手妈咪在织毛衣时往往觉得最难的就是领口了，这里织美堂以最通俗的方式来教大家如何来编织领口，希望能帮助新手妈咪解决难题，也希望各位学会后能自己举一反三灵活应用。

以圆领计算方法为例

新手妈咪在看中某款作品后，首先需要确定的是给宝宝织衣服的起针数。这里我给大家提供一个宝宝衣服大小参考表，希望能帮助到各位。

此表只供大家做参考用，想给自家宝宝织毛衣的具体大小还需要各位自己亲手量宝宝所需要的大小了。此表主要是让大家了解清楚毛衣要织的起针数及毛衣的高度。

单位：cm

	月龄或尺码	衣长	胸围	肩宽	挂肩	袖长	袖壮	袖山
	0~1	33	58	20	14	21	28	5
	1~2	35	62	22	15	25	30	5
	3~4	37	66	24	16	29	32	6
	5~6	39	70	26	17	33	34	6
	7~8	44	74	28	17.5	37	34	7
	9~10	48	78	30	18	41	35	7
	11~12	52	82	32	18.5	45	36	8
	13~14	56	86	34	19	49	37	8
女	S	58	90	36	20	50	38	12
女	M	60	95	37	21	51	39	12.5
女	L	62	100	38	22	52	40	13
女	XL	64	105	39	23	53	41	14
男	S	62	95	38	22	55	44	9
男	M	64	100	40	23	55.5	45	10
男	L	66	105	42	24	56	46	11
男	XL	68	110	44	25	56	46	12

复古小花套头毛衣

【成品规格】衣长27cm，胸围50cm，袖长21cm

【编织密度】23针×36行=10cm^2

【工　　具】10号棒针，4号钩针

【材　　料】白色毛线150g，其他色毛线少许；
珍珠纽扣2枚

【编织要点】

1. 后片：起59针织花样，织56行开挂，腋下平收4针，2行减1针减2次，后领窝最后20行分成两部分织，中间平收1针；肩平收；

2. 前片：织法同后片；

4. 袖：从上往下织，织花样；

5. 绣花：各片织好后缝合，沿领袖及下摆钩边缘花样，然后在后片，前片及袖分别绣上玫瑰花；缝合后领窝的纽扣，完成。

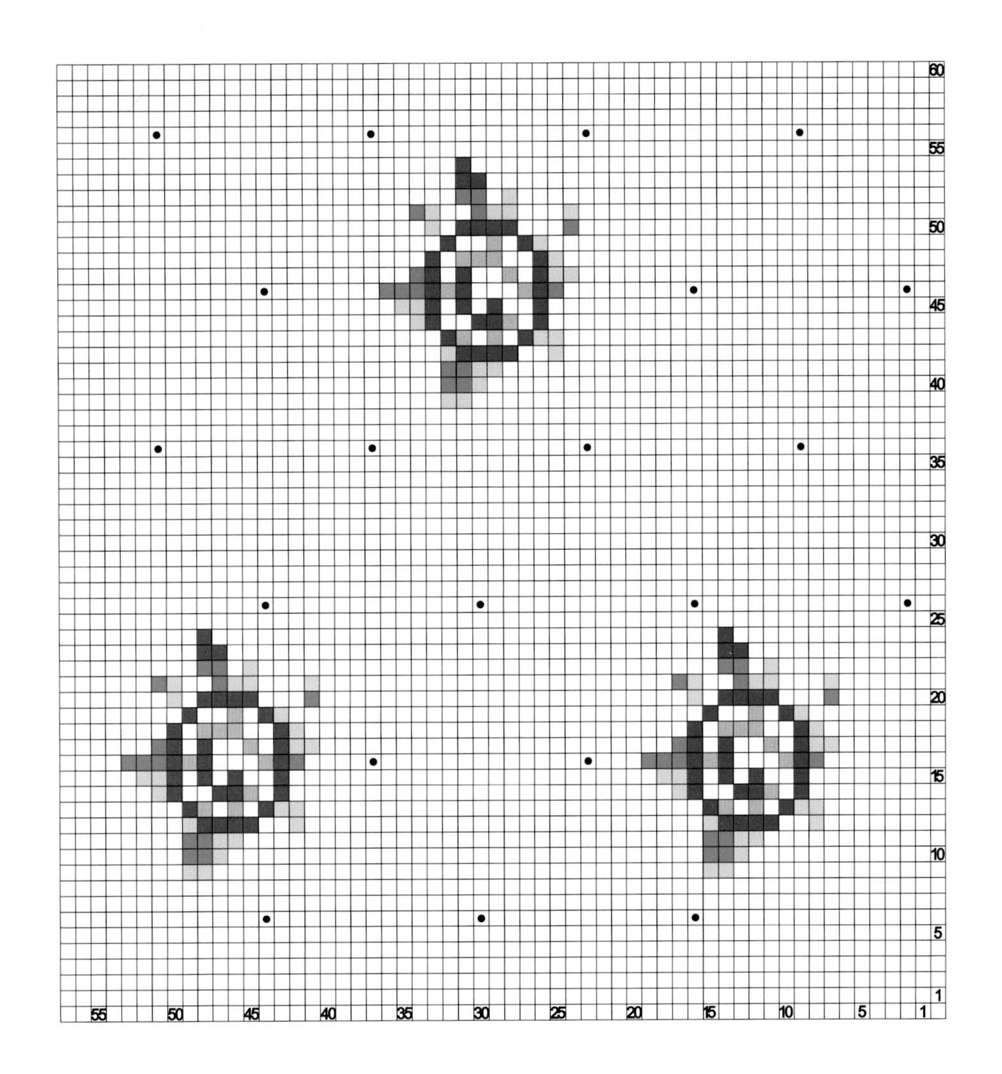

60
55
50
45
40
35
30
25
20
15
10
5
1
55 50 45 40 35 30 25 20 15 10 5 1

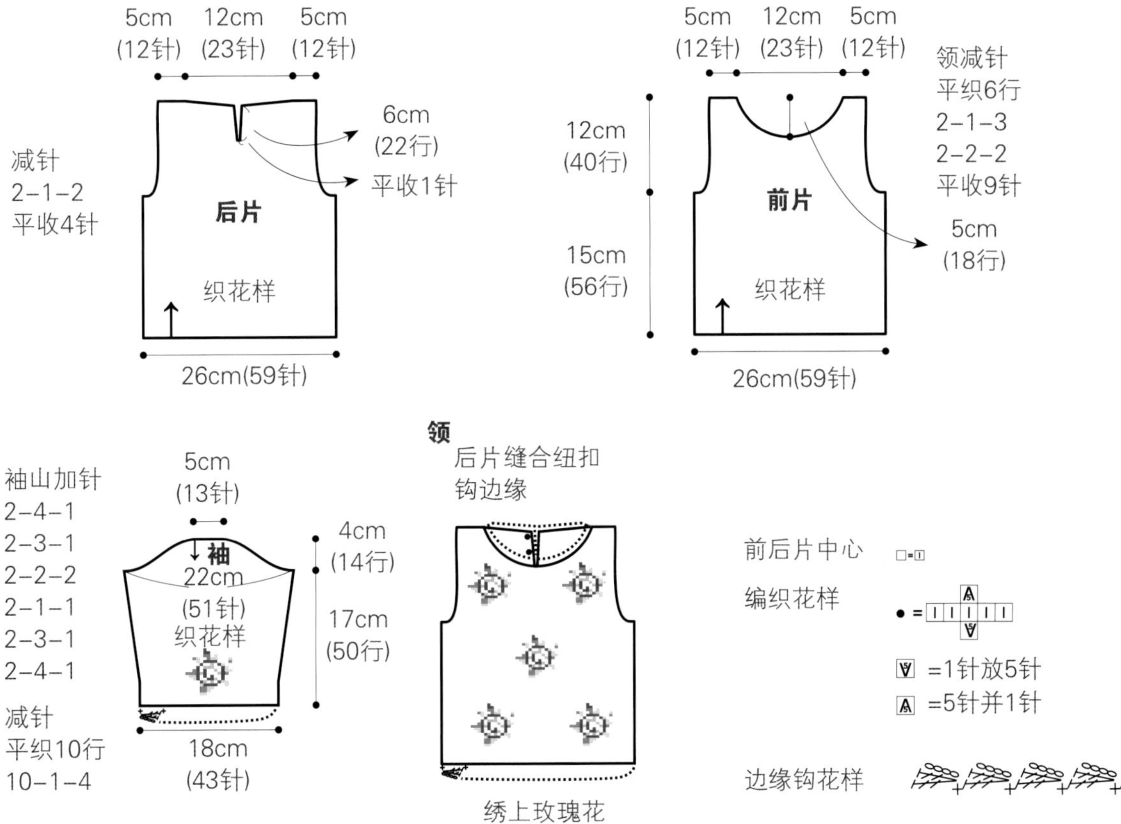

5cm (12针)
12cm (23针)
5cm (12针)
6cm (22行)
平收1针
减针
2-1-2
平收4针
后片
织花样
26cm(59针)
5cm (12针)
12cm (23针)
5cm (12针)
领减针
平织6行
2-1-3
2-2-2
平收9针
12cm (40行)
15cm (56行)
前片
织花样
5cm (18行)
26cm(59针)
袖山加针
2-4-1
2-3-1
2-2-2
2-1-1
2-3-1
2-4-1
减针
平织10行
10-1-4
5cm (13针)
袖
22cm (51针)
织花样
4cm (14行)
17cm (50行)
18cm (43针)
领
后片缝合纽扣
钩边缘
绣上玫瑰花
前后片中心
编织花样
=1针放5针
=5针并1针
边缘钩花样

前领计算方法

以这件衣服为例，首先我们将衣服各部位用字母来表示，从上往下：

圆领的高度（行数）=H

圆领总针数= W1

腋下收针针数= W2

肩的针数= W3

一片（前片）的总针数= W

它们之间的关系：

W1=40%W，W2=10%W，W3=20%W

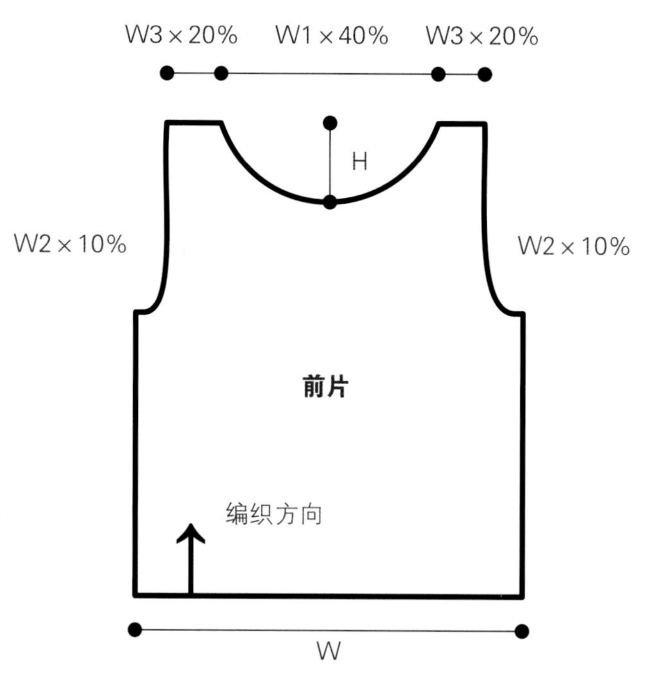

将这些关系分出来后，大家和我一起来看这件衣服，我们一起将这件衣服的结构图解分析出来吧。亲爱的姐妹们，请一定要耐心从头看起哦，不要为了方便而跳过这里直接看这款作品的图解，我希望各位看完后自己也能学会画图解。

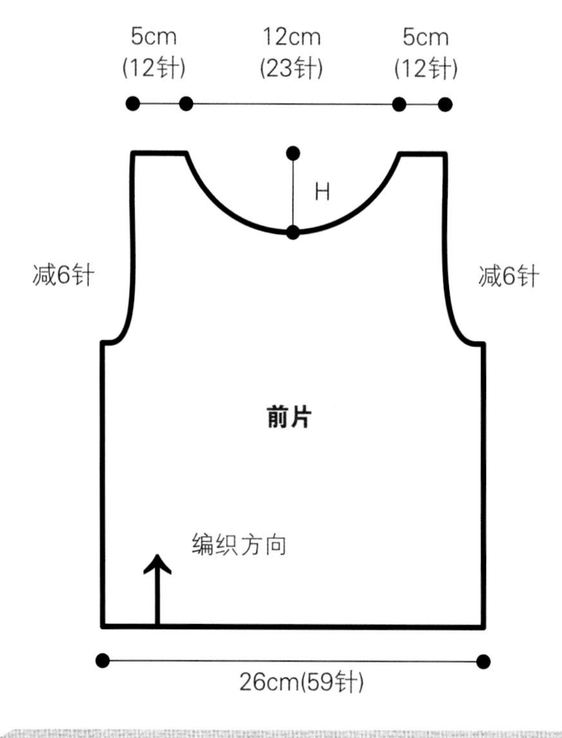

这件衣服起针数为W=59针（前片）

W2=59×10%=5.9≈6针

W3=59×20%=11.8≈12针

W1=59×40%=23.6针≈24针

衣服密度算法，这里密度我们用X表示

X=Y×h

Y表示衣服10cm²的针数

h表示衣服10cm²的行数

各位如果在已得知衣服总针数及总针数的长度后，那Y就可以很容易算出来了。

这里我们的衣服总针数是59针，总长度是26cm

Y=59针÷26cm×10cm=22.7针≈23针

这件衣服的总高度是27cm，96行

h=96行÷27cm×10cm=35.5行≈36行

那这件衣服的密度就是：23针×36行=10cm²

Tips 小提示：

很多读者在购买编织书后只能跟着编织书作品的尺寸大小来编织，但每个人的身高及身材比例是不一样的，且每个人织衣服时毛线的松紧也是不一样的。那如何将依照自己想要的尺寸来编织呢？这里建议各位读者先织一块10cm×10cm的编织小片出来，再根据自己想要的尺寸长度算出衣服的总行数及总的起针数，算法请结合上面的介绍来换算。衣服各部位的针数及行数如何计算请继续将下面的内容看完。

正常大圆领衣服的深度（行数）就是10cm的行数，这里我们这款衣服使用的是小圆领，圆领的深度是5cm，那圆领的行数：

36÷10×5=18行

下面我们开始计算圆领的减针数，首先我们将圆领总针数平分3份。这里圆领的总针数是23针，那我们就会出现以下两种减针方法。

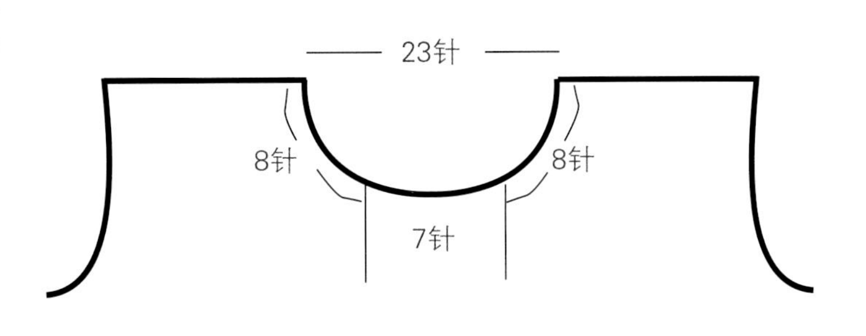

方案一：如将左右两边各分8针，那中间就是7针。这种情况减针方法就是，中间平收7针，左右两边要各减8针，如何来减这8针呢？

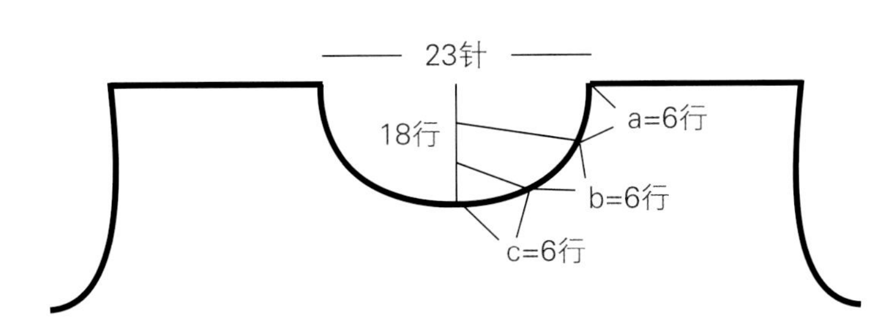

这里我们要想到领口的深度了，也就是领口的行数。这件衣服领口的行数我们上面计算出来的18行。同样我们将领口的行数也平均分成3段，这里我们将这3段用a、b、c来表示，每一段的行数就是6行。

a段：一般是平织不加减针，那需要加减的就是b、c段了，我们要在这12行里减8针，很多读者就会想这里应该怎么来减8针才漂亮呢？

首先，我们将b、c段的针数平分成两份，也就是各需要减4针。

c段：如果此段减针数为偶数，我们就采用每2行减2针减N次的方式（2-2-N）。

如果此段减针数为奇数，我们就采用每2行减3针减1次的方式（2-3-1），余下的针数再每2行减2针减N次（2-2-N）。

b段：如果总的减针行数不足圆领行数的2/3，则应减少每2行减1针的次数（2-1-N）。

如果总的减针行数超出圆领行数的2/3，则应减少每2行减1针的次数（2-1-N），还相应增加每2行减2针或减3针的次数（2-2-N、2-3-N）。

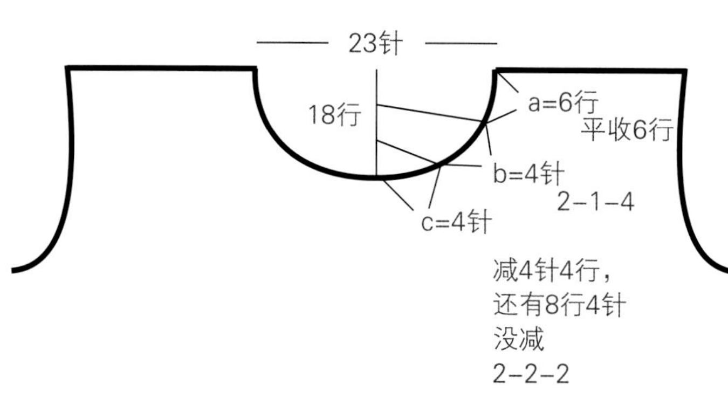

这里的减针方法就为2-2-2，这里我们减去了4针4行，b段还需要减4针8行，行数不足圆领行数的2/3，减针方法为2-1-4，以上两段减针数一共是8针，12行。
方案一减针完成。

方案二：如将左右两边各分7针，那中间就是9针。这种情况减针方法就是，中间平收9针，左右两边要各减7针，如何来减这7针呢?

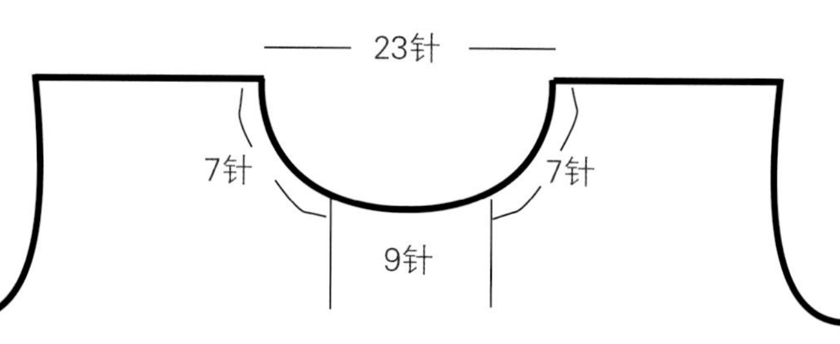

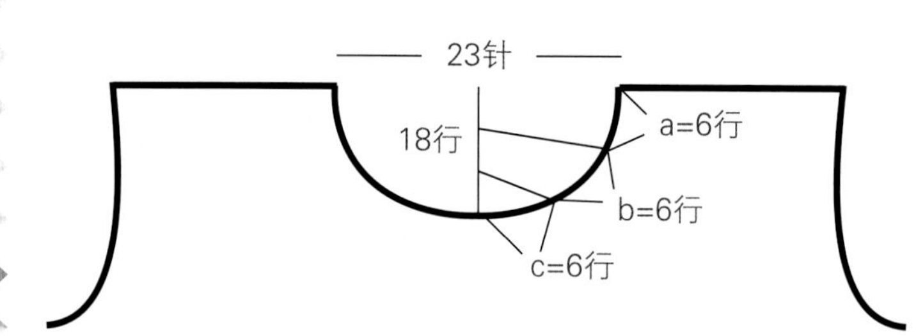

这里我们要想到领口的深度了，也就是领口的行数。这件衣服领口的行数我们上面计算出来是18行。同样我们将领口的行数也平均分成3段，这里我们将这3段用a、b、c来表示，每一段的行数就是6行。

a段一般是平织不加减针，那需要加减的就是bc段了，我们要在这12行里减7针。首先，我们将bc的针数分成两份，也就是各需要减4针和3针，c段减针方法就为2-2-2，这里我们减去了4针4行，b段还需要减3针8行，减针方法为2-1-2，4-1-1，以上两段减针数一共是7针，12行。
方案二减针完成。

Tips 小提示：

很多读者不知道2-2-1这样的标示是什么意思，所以没法看懂图解。

2-2-1=行-针-次=每2行减2针减1次

这是收针（即减针）或加针的意思，大多数是表达的收针，如果是加针会在边上写上“加”字。

后领计算方法

在织好前片领口后，就要考虑后片领口了，我们还是以这件衣服为例。
后领深1.5~2cm，4~6行，根据你的样片算出行数。
先在中间留针，所留针数约为后领针数的3／4。
接着在两边减针，每边的针数=（后领口针数－留针数）÷2
最后由快至慢分2~3次减完。可以用2－3－1，2－2－X，2－1－Y来套算。

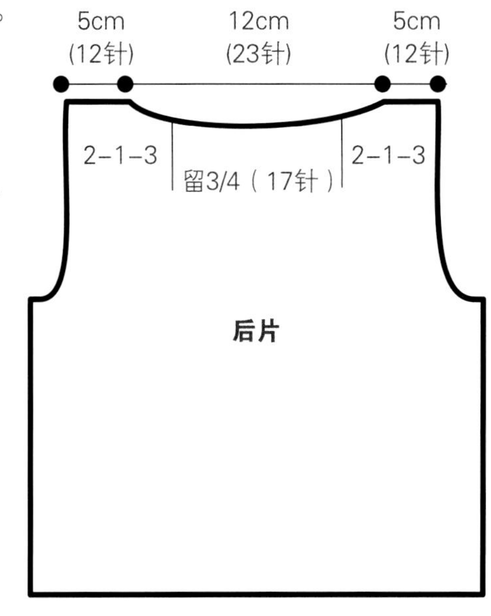

这里后领是有开叉的，方便宝宝穿衣，所以后领没有减针，在中间平收了1针分两边来织。

Tips 小提示:

怎样看图样上的减针（也叫收针）

例:

2－3－1（行－针－次：每2行 减3针 减1次 共减3针）
2－2－2（行－针－次：每2行 减2针 减2次 共减4针）
2－1－2（行－针－次：每2行 减1针 减2次 共减2针）
4－1－1（行－针－次：每4行 减1针 减1次 共减1针）

由于编织是由下向上，所以一般图样上的减针是倒转的，方便由下往上看，即如下：

4－1－1
2－1－2
2－2－2
2－3－1
针数不再加减，继续向上编织。

常用领口编织实践

圆领编织实践

1 以51针为例，先织21针。

2 留出领子中间的9针，将51针分为3等份。

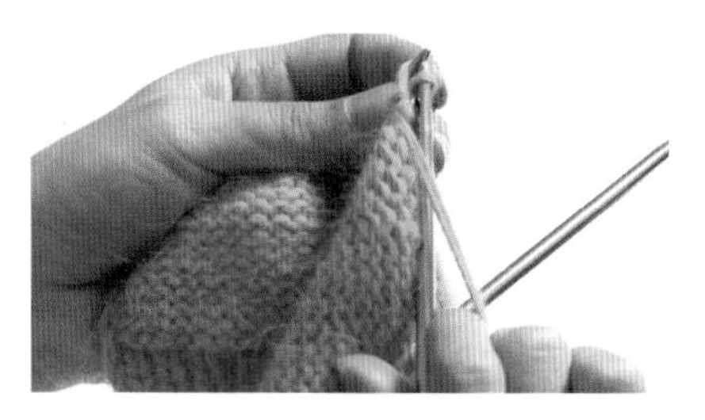

3 反面收针，第1针直接拿下来不织，然后1针盖过1针的方法收针。

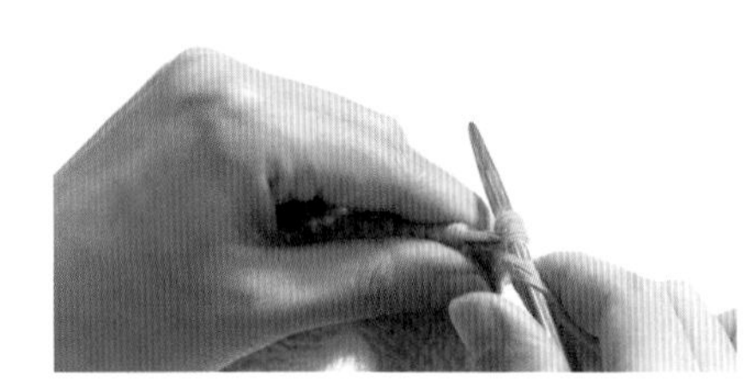

4 第3针织正针，以同样的方法收针，加上上一步收的1针一共收3针。

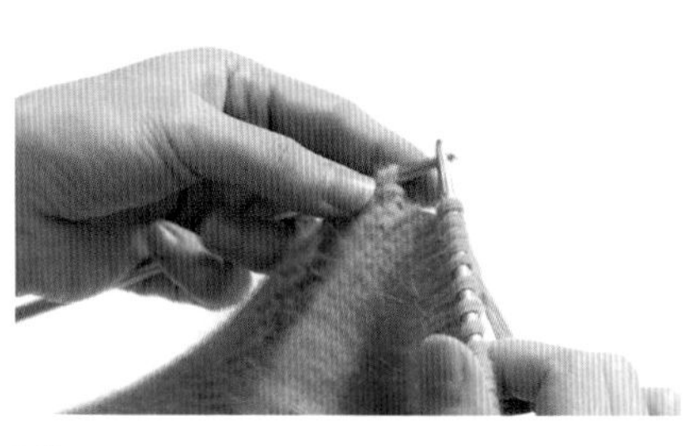

5 重复以上步骤收针，第一阶段的减针频率为2-3-1，2-2-1，2-1-1，第二阶段的减针频率为4-1-1，2-1-2。

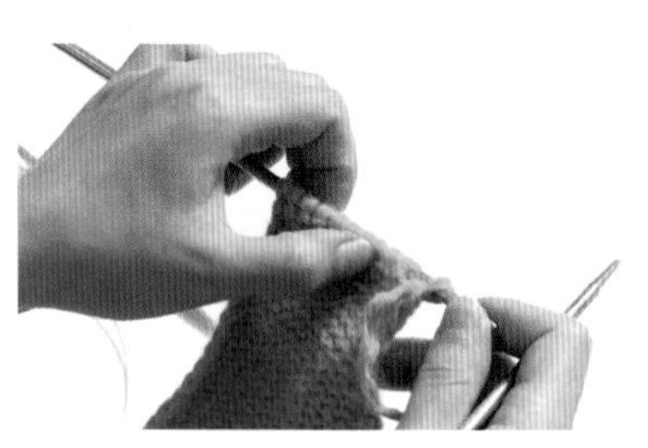

6 两个阶段一共减掉10针，减针完成，剩下的12针即为肩膀的针数。

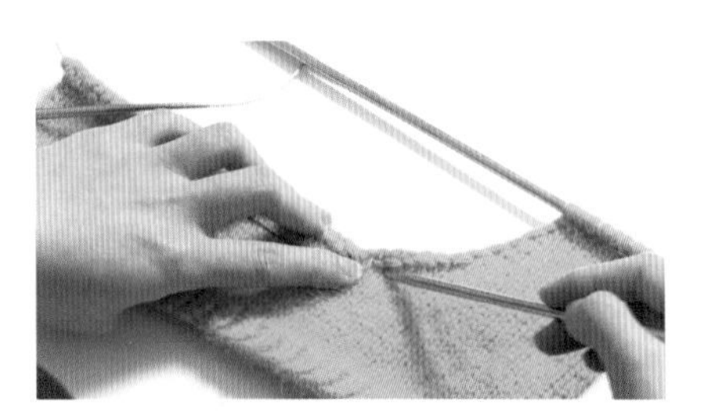

7 再往上织8行平针，右边的圆领完成，左边参照右边。

Tips 温馨小贴士:

本书主要为初学的人员准备，前面我们已讲过圆领计算方法，这里我们再配上了圆领编织实践图。读者如能将这两部分读懂后开始实践，以后编织这样的圆领对你来说就是很轻松的事了。

V领编织实践

1 以右片为例讲解这件衣服的V领收针。

2 右片有25针，除去边的4针，织19针。

3 织完19针后2针并1针收针。

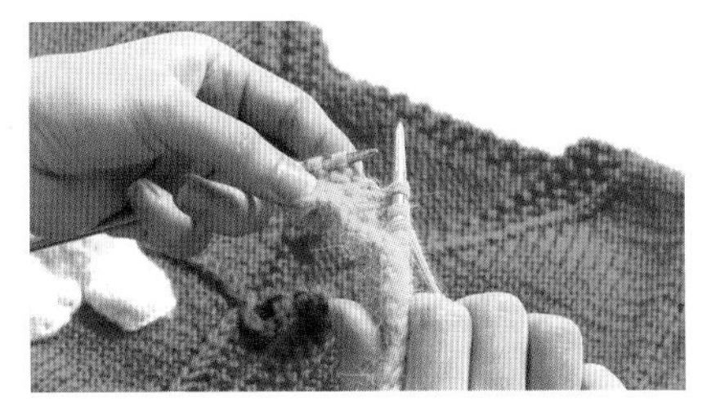

4 剩下的4针织单桂花针，即衣边。

5 第3行织18针后2针并1针收针。

6 每次在同样的位置2针并1针收针，收针到剩下肩部的4针，V领形成。

机器领编织实践

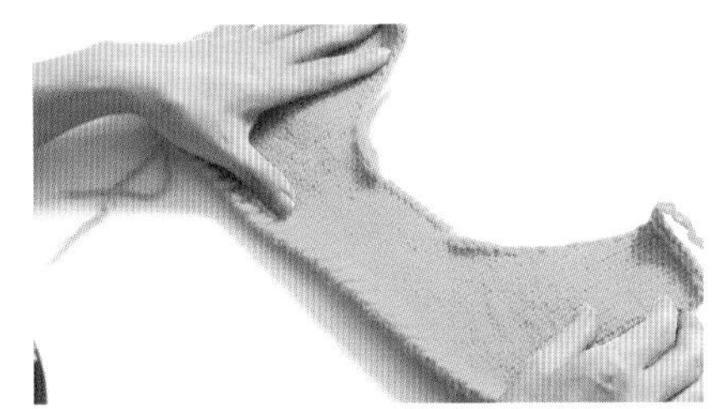

1 以前片衣领为例讲解。

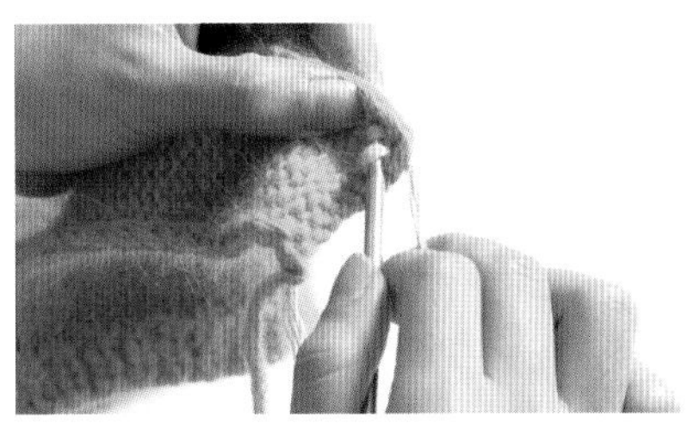

2 在反面挑针，4个小辫子里挑出3针，也就是一个辫子挑1针，第4个辫子空着不挑，依此类推挑完所有的。

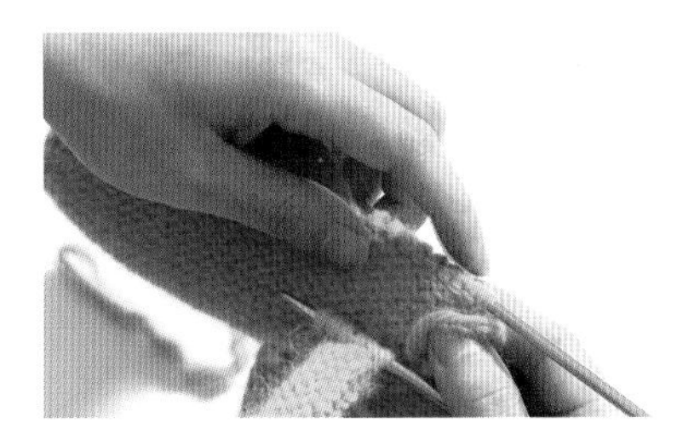

3 领子中间留的针，织1针挑1针。

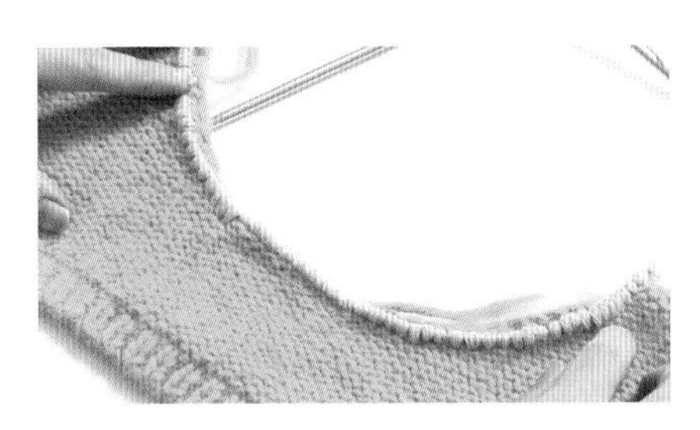

4 全部挑好之后在反面编织3排平针。

5 再织一排反针。

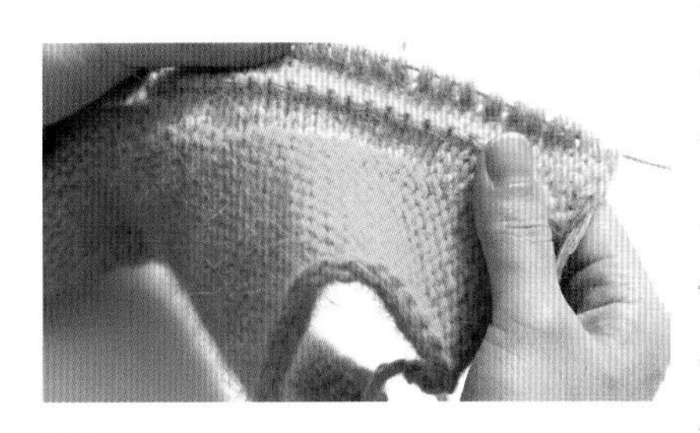

6 接着织4排平针。

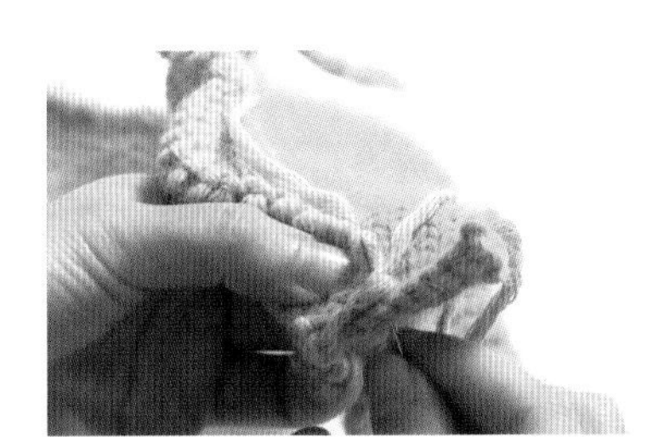

7 织好后拿掉棒针，用缝衣针如图所示将每个线圈缝起来。

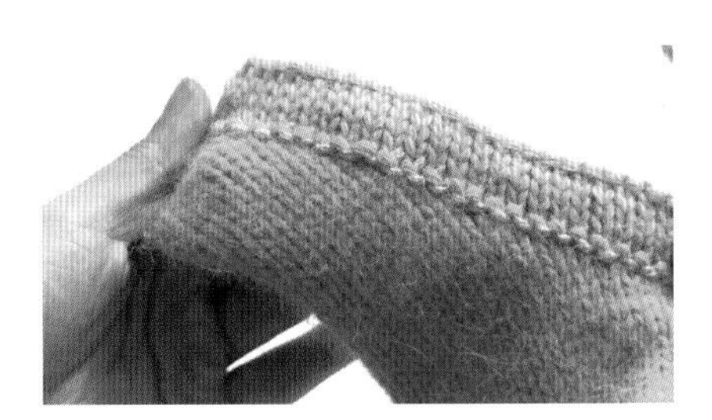

8 全部缝好后机器领完成。

经典收针方法

上面我们说完领口的算法，这里教大家两种常用的收针方法。

用缝衣针收机器边

1 以双罗纹为例，首先要压线。

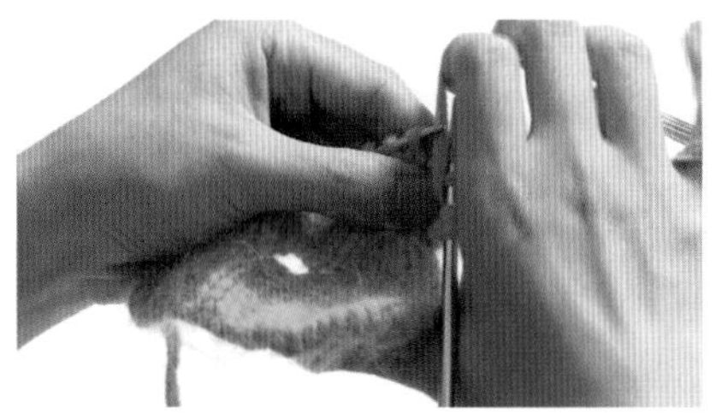

2 织下针，上针不用织，直接把线如图所示绕过去。

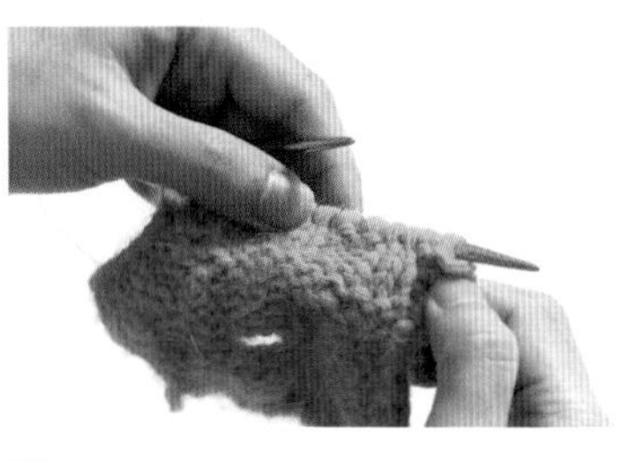

3 反面也是压上针，片织的时候就是正面压上针反面也压上针，圈织的时候一次压上针一次压下针。

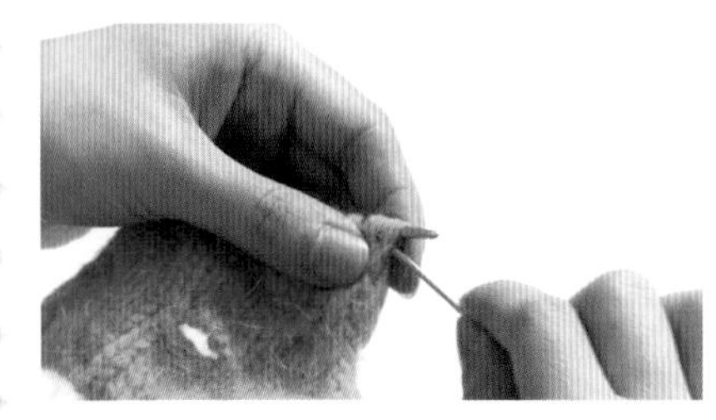

4 压好线后留一段线穿上缝衣针，开始收针。

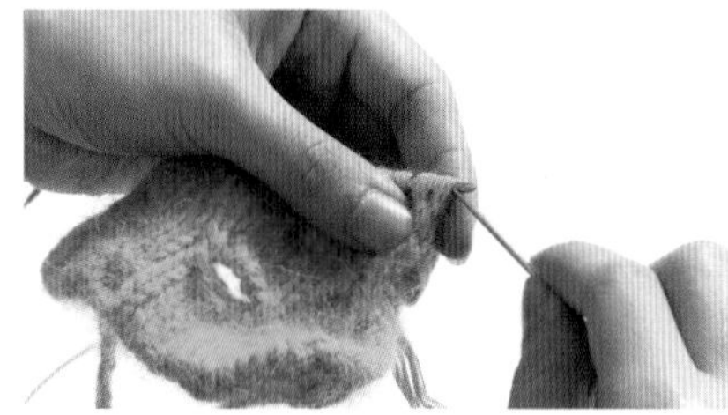

5 先穿过2针下针拉出线。

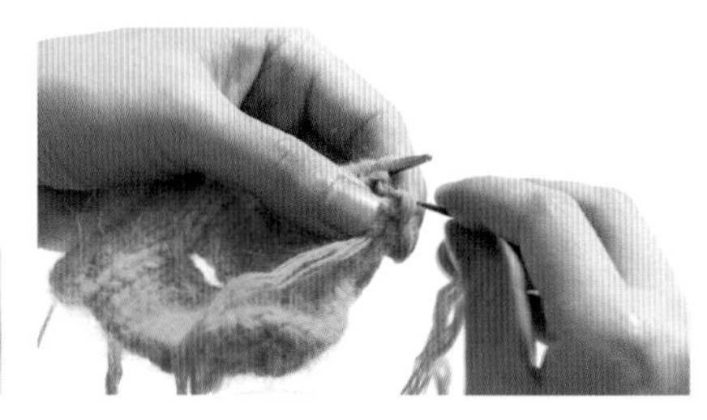

6 然后回到第1针，如图所示从反面穿过。

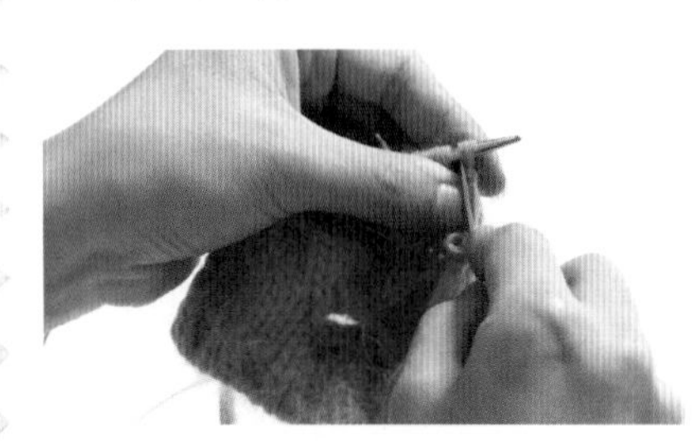

7 然后如图所示从正面穿过上针。

8 如图所示还有1针下针，下针要跟下针收针。

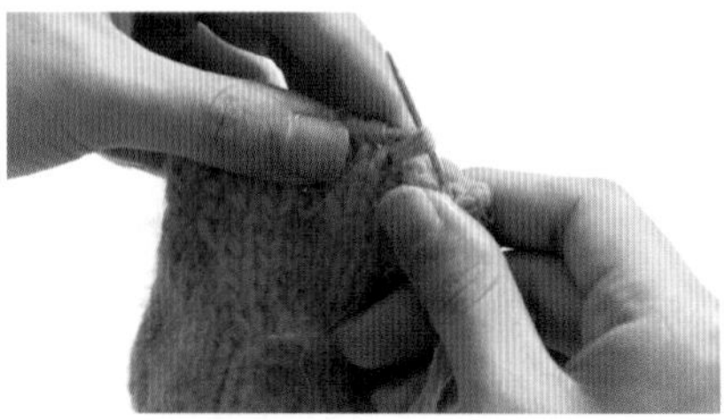

9 交换棒针上的上针和下针的位置。

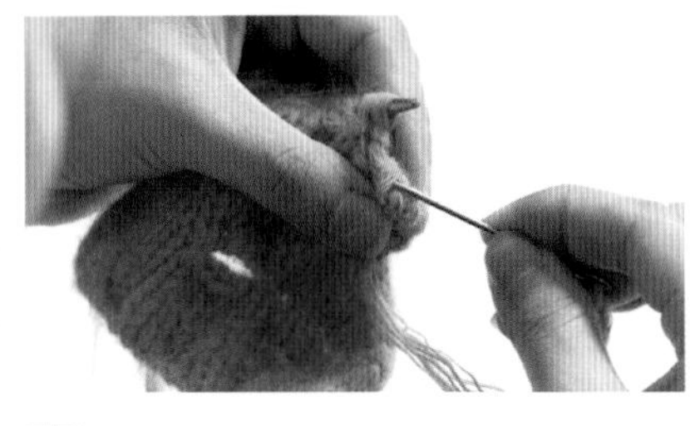

10 挑同一线的线圈从反面进从正面出收掉2针。

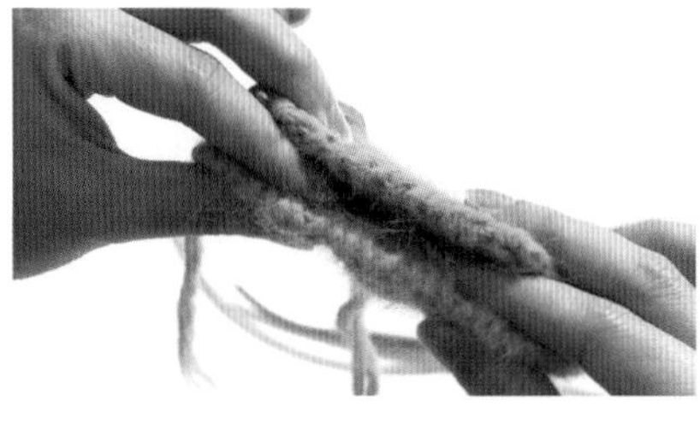

11 重复以上步骤，机器边收针完成。

小燕子收针法

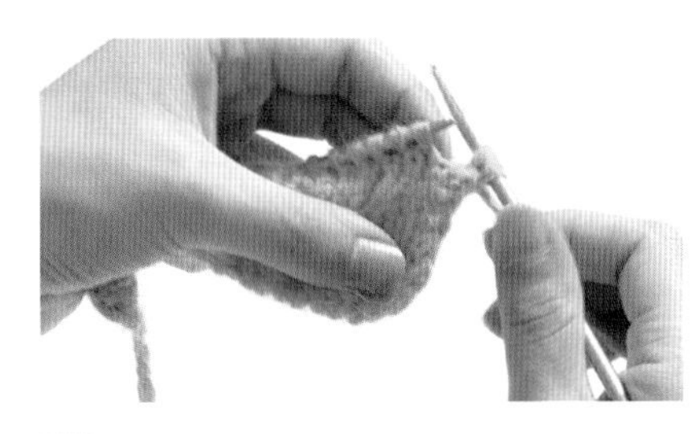

1 以收2针为例，右边，先织2针边缘针。

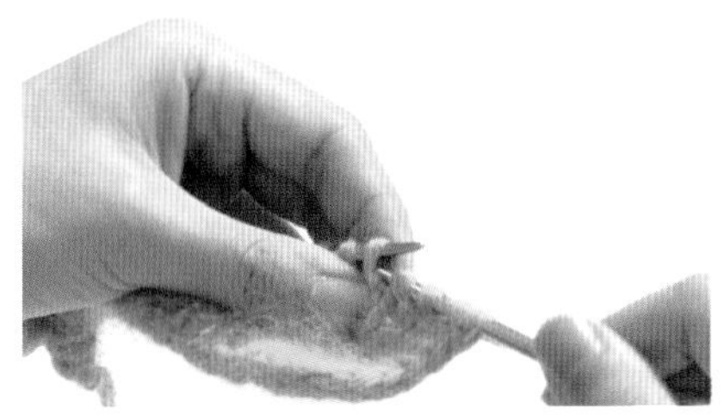

2 然后从左棒针上挑3针到右棒针。

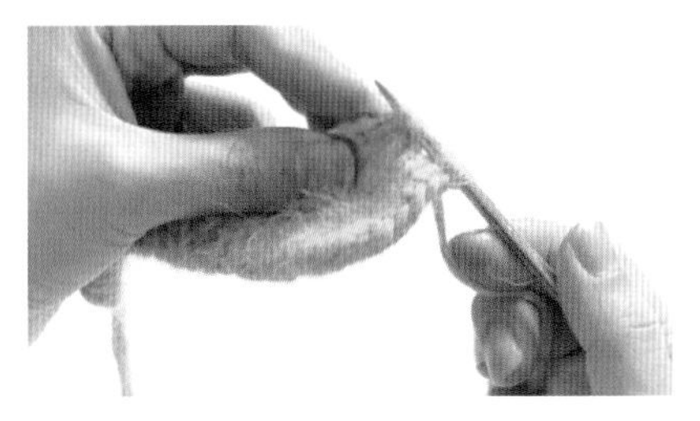

3 将挑过来的第2针和第3针交换位置放到左棒针上。

4 将挑在右棒针上的第1针挪到左棒针上，然后2针并1针收掉。

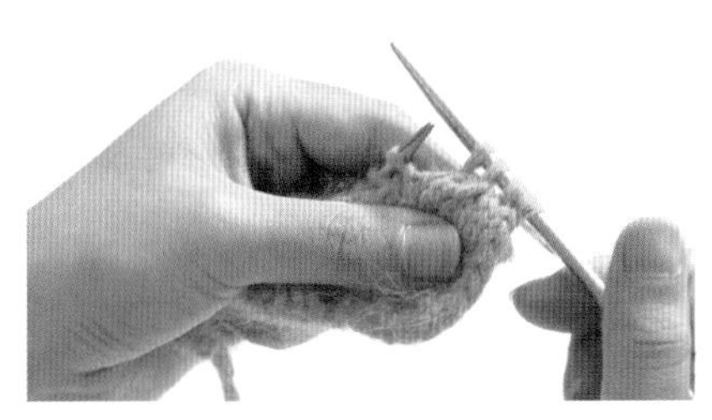

5 后面2针也一起合并，这就是小燕子收针的右边收针。

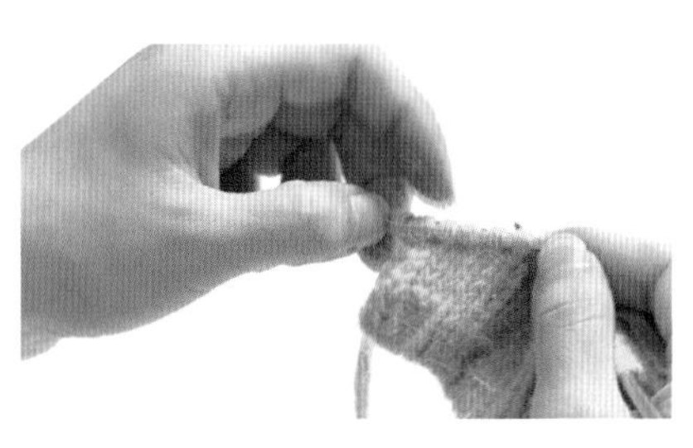

6 左边留6针，2针边缘针，中间的4针收针。

7 如图所示方法挑过1针。

8 交换第2针和第3针的位置。

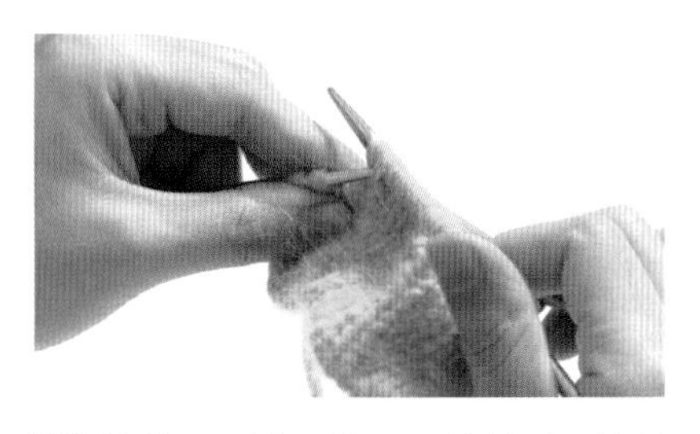

9 接着织1针，然后1针盖过1针收掉，以同样的方法收掉这2针，边缘针照织。

10 左边的收针完成。

袖山经典计算方法

山头深度

什么是山头深度，这里我们用图来表示。

以常见衣服深度来表示
女装：10~15cm
男装：8~13cm
童装：3~8cm

当然这不是规定的，要根据衣服款式要求和穿着习惯来决定山头深度，所以这里读者请不要误解了。

山头宽度

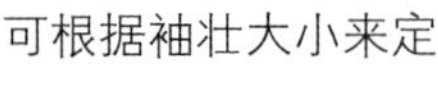

可根据袖壮大小来定（袖壮就是袖子平铺后最宽处）。

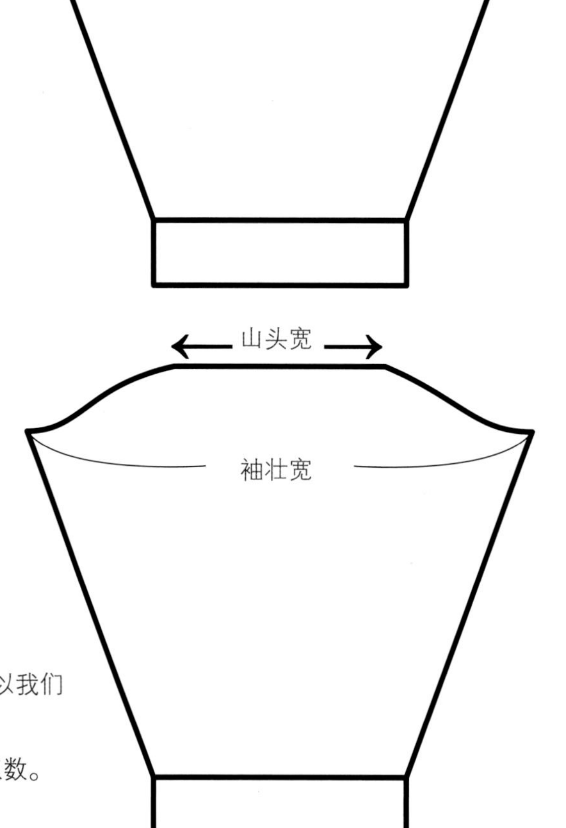

女装可为袖壮针数的1/5
男装可为袖壮针数的1/4
童装可为袖壮针数的1/4~2/5（小孩衣服大小不好确定，所以我们以这个范围来计算）
如果袖壮针数为单数，山头宽针数也应为单数，反之则成双数。

山头曲线的减针（加针）法

以减针为例。
山头减针=（袖壮针数-山头宽针数）÷2
例：
袖壮针数60针，山头宽针数24针（60×2/5）
山头减针=（60-24）÷2=18针
这件衣服袖山深度是3cm（1cm为2行），算出袖山的行数
3×2行=6行
那袖两边就需要减6行减18针，都是双数，我们就以每2行的方式来减。
2-Y-N
2N=6行，N=3
YN=18针，Y=6
即2-Y-N=2-6-3

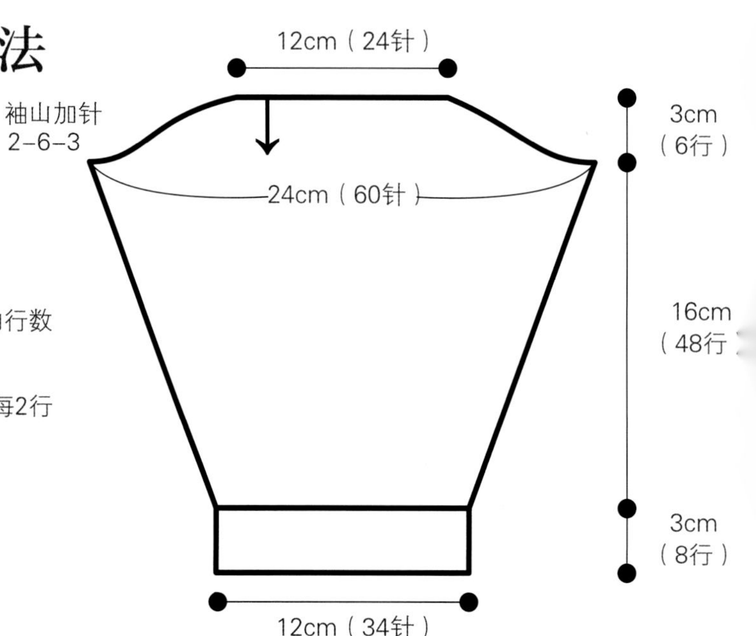

袖子加（减）针经典计算法

这里我们讲解的是袖子从上往下织时，如果是从下往上织的话，就把下面的讲解全转换成加针就行。

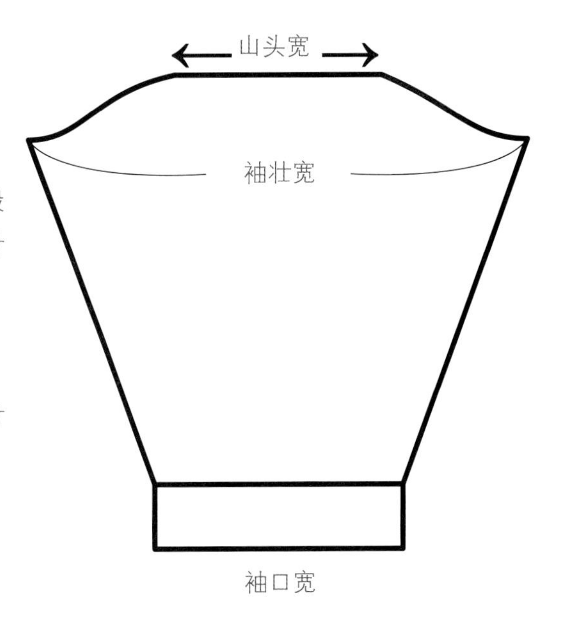

先算出袖子的减（加）针数，因为袖子减（加）针一般是每次减（加）1针，所以减（加）针数也就是减（加）针次数。

减（加）针数=（袖壮针数－袖口针数）÷2

减（加）针行数=袖口至袖壮的总行数

减（加）针间隔行数=减（加）针行数÷［减（加）针次数＋1］

如袖壮59针，袖口29针，袖长行数为70行（即减（加）针行数70行）

减（加）针数=（59－29）÷2=15针（即一共需要减针15次）

减针间隔行数=70÷（15+1）= 4行余6次

Tips 小提示：

这里有些可能大家不知道是怎么算出来的，因为70除16只有4是整数，16×4=64行，所以是4行余6次。这里余下的6次减针需要间隔的行数，自然是要在4行中加上1行，也就是每5行来减这6次针。

15次减针中有6次可以间隔5行减针（5-1-6），剩下的9次是间隔4行减针（4-1-9），这样算起来一共只有66行，袖子总行数为70行，那剩下还要再平织4行。

编织实例

春暖花开V领衫

【成品规格】衣长30cm，胸围56cm，袖长20cm

【编织密度】20针×33行=10cm^2

【工　　具】10号棒针

【材　　料】毛线250g，其他色毛线少许

【编织要点】

1. 后片：起58针织桂花针12行，上面织平针，腋下平收4针，后领窝的位置织桂花针；

2. 前片：起30针织桂花针12行后，衣襟的位置4针织桂花针与身片同织，减针也在桂花针的边缘完成；

3. 袖：织平袖；起46行直接往下织，袖口织桂花针；

4. 装饰花：用白色线先织好各个花瓣，再用黄色线织花心；缝合的时候里面填充珍珠棉，更有立体感；另用绿色线钩纽扣和扣眼；完成。

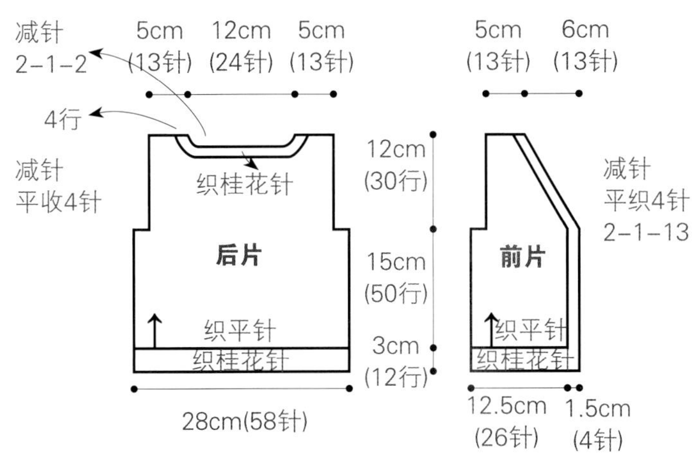

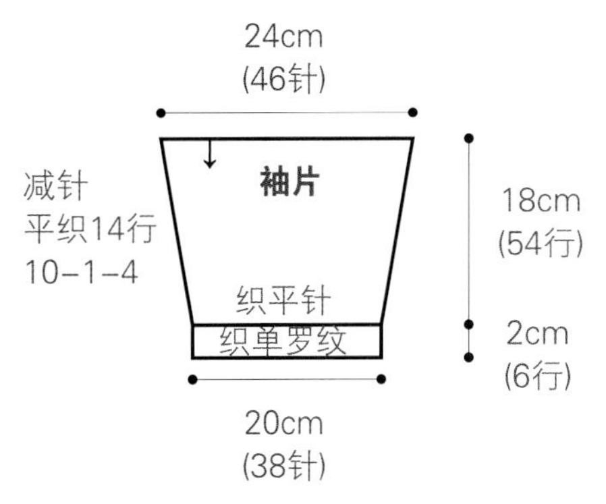

袖壮46针，袖口38针。袖长行数为60行（即减（加）针行数60行）

减（加）针数=（46－38）÷2=4针（即一共需要减针4次）

减针间隔行数=50÷（4+1）= 10行

由此可知，减针方法是10-1-4

将织好的花瓣固定

另织一条辫子，边织边固定出扣眼和装饰线

纽扣也用辫子盘转而成

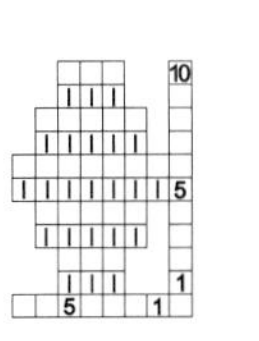

□=⊟

花心

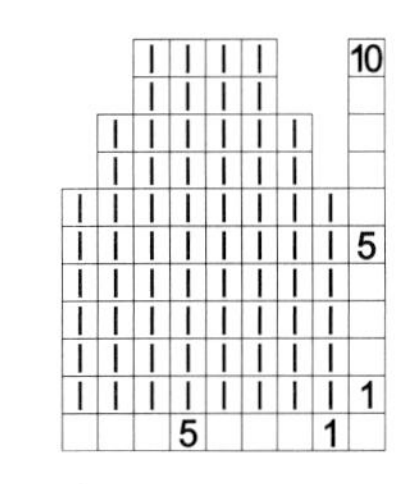

花瓣：

织5块，缝合

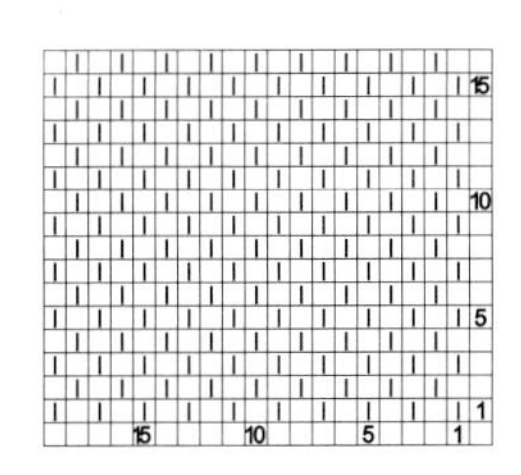

□=⊟

桂花针

经典条纹背心

【成品规格】衣长32cm，胸围56cm
【编织密度】25针×34行=10cm²
【工　　具】12号棒针
【材　　料】藏蓝色毛线130g，粉红色毛线少许，纽扣2枚

【编织要点】

1. 后片：用藏蓝色毛线起70针织双罗纹14行，上面织平针，织5行藏蓝色，1行粉红色，循环往复；开挂腋下平收5针，每4行减2针减3次；衣片完成后在左肩用藏蓝色毛线织6行单罗纹；

2. 前片：织法同后片；

3. 领、袖口：用藏蓝色毛线挑针织衣领和袖口，最后在左肩缝合纽扣，完成。

1.5cm
(6行)
3cm　13cm　3cm
(12针)　(26针)　(12针)
织单罗纹
6行
减针
平织2行
2-1-2
减针
4-2-3
平收4针
11cm
(42行)
后片
17cm
(54行)
1行粉色
5行蓝色
织平针间色条纹
4cm
(14行)
藏蓝色织双罗纹
28cm(70针)

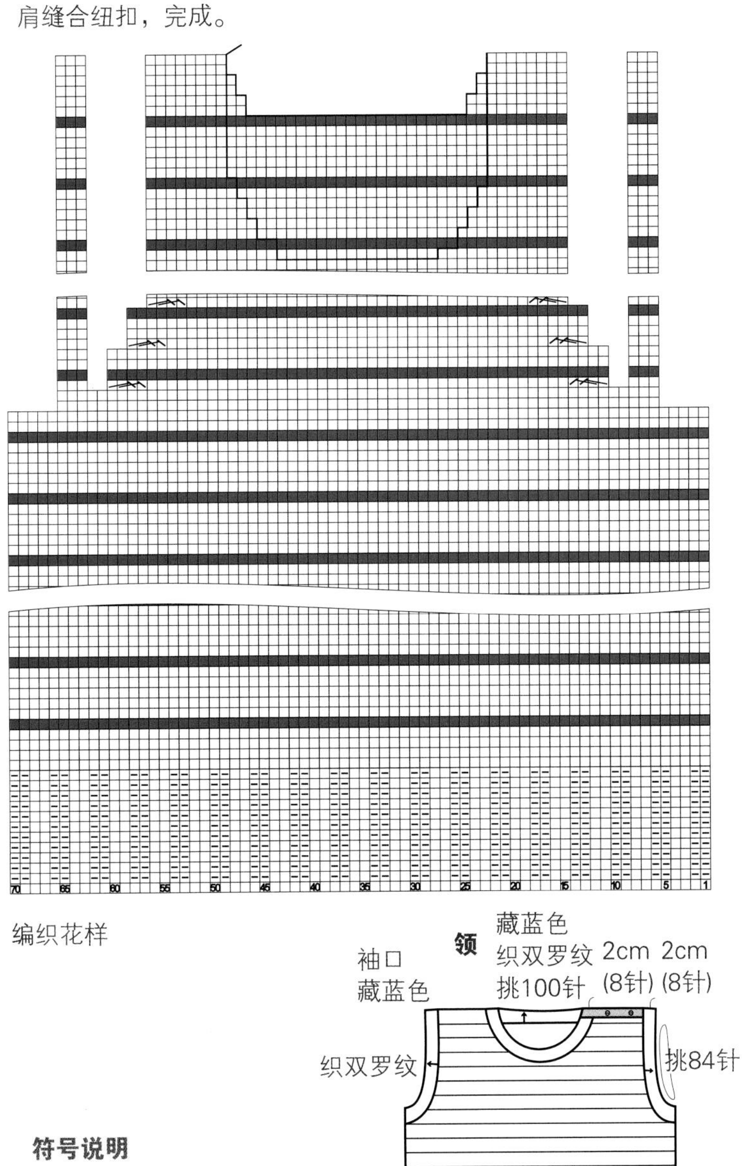

编织花样

领
袖口
藏蓝色
藏蓝色
织双罗纹
挑100针
2cm　2cm
(8针)　(8针)
织双罗纹
挑84针

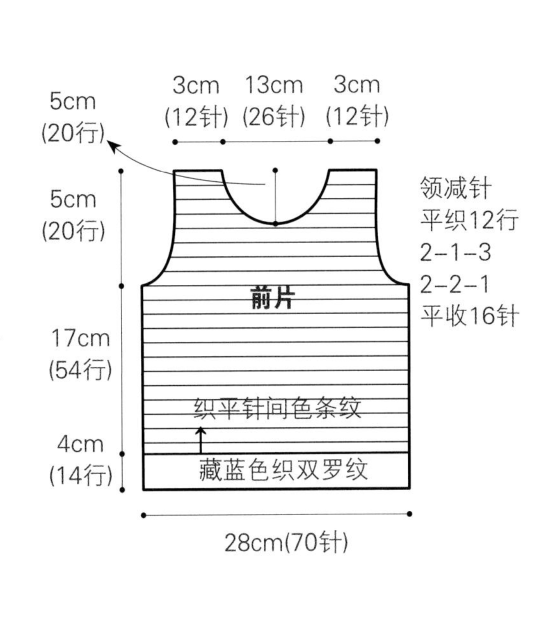

符号说明

第4针和第2针并收，
第3针和第1针并收

柔美粉色小开衫

【成品规格】衣长30cm，胸围56cm，连肩袖长30cm
【编织密度】20针×25行=10cm²
【工　　具】10号棒针，4号钩针
【材　　料】粉色毛线200g，灰色毛线少许

【编织要点】

1. 从领口往下织：起71针直接织花样，前片各分17针，衣襟5针；后片31针，袖各1针，径各1针；织花样7组后织平针，边缘织14行花样；
2. 径两边各13针后平织8行，腋下各加2针，将前片各分3针织袖；袖筒平织，衣襟织全平针，与身片同时织；
3. 最后用灰色线钩一条长绳，两端钩小花朵，穿在第三层花样的孔中，完成。

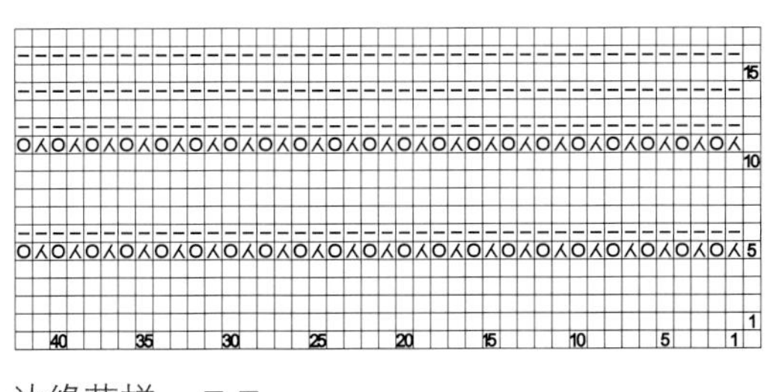

边缘花样 □=⌷

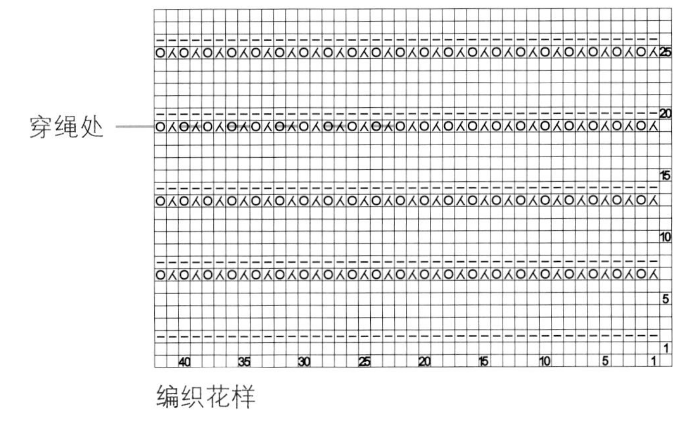

编织花样

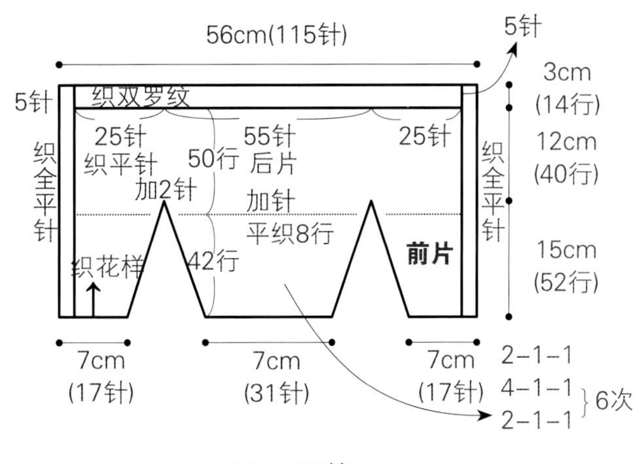

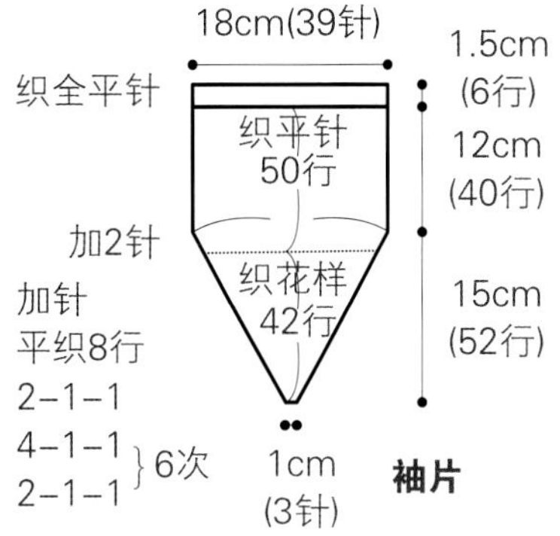

符号说明

□=⌷
⚬ 加针
⋏ 左上2针并1针

钩一条辫子60cm，两端连接小花

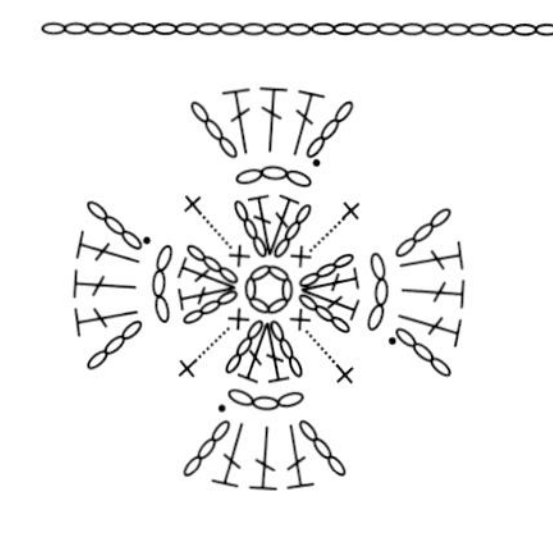

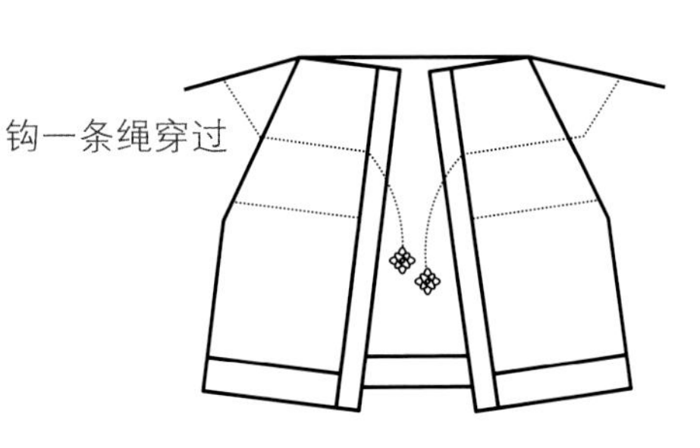

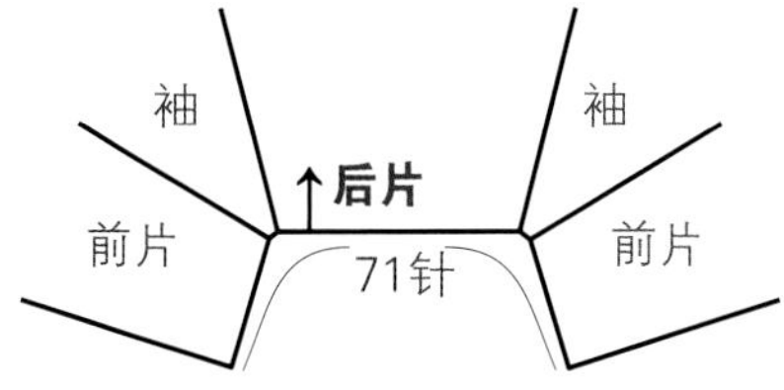

百搭纯白短袖衫

【成品规格】衣长30cm，胸围56cm
【编织密度】30针×48行=10cm^2
【工　　具】14号棒针
【材　　料】中粗毛线120g，纽扣3枚

【编织要点】

1. 后片：起86针织双罗纹8行，上面织上针，织78行开挂肩；挂肩部分织全平针，边缘各留4针织单罗纹为插肩径；每4行收2针收11次；

2. 前片：起针同后片，双罗纹织完后加1针，中心13针织花样，两侧织上针，织78行后开挂，织法同后片；

3. 袖：从下往上织，起68针织8行双罗纹织全平针8行，收挂肩，同后片；左侧袖在连接前片的边缘加4针织平针，作为缝合扣子的里襟；

4. 缝合各片，挑130针织领，并在左插肩径边开个扣洞；缝合纽扣，完成。

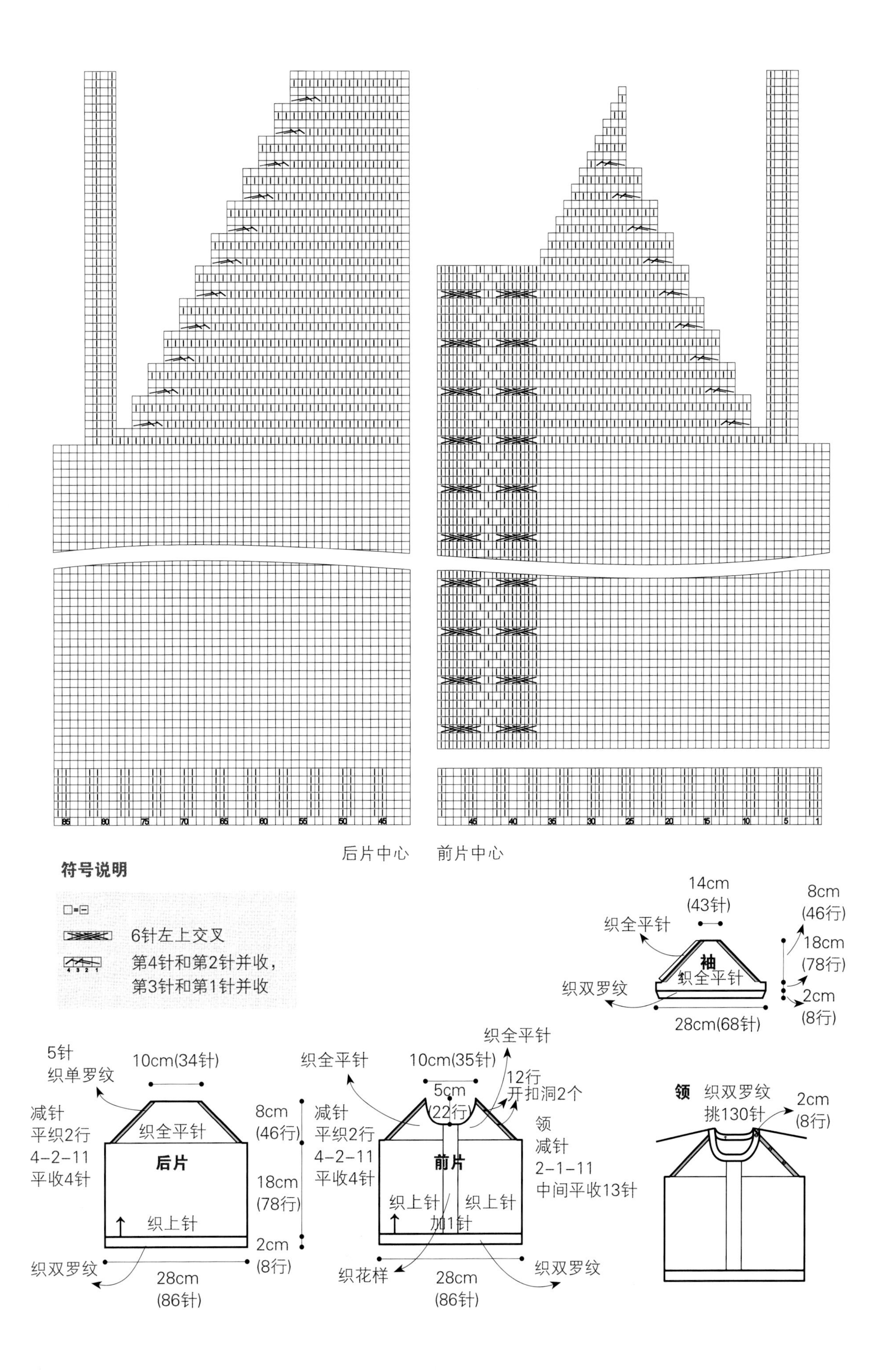
85
80
75
70
65
60
55
50
45
45
40
35
30
25
20
15
10
5
1
后片中心
前片中心
符号说明
□=⊟
6针左上交叉
第4针和第2针并收，
第3针和第1针并收
14cm
(43针)
织全平针
袖
织全平针
织双罗纹
28cm(68针)
8cm
(46行)
18cm
(78行)
2cm
(8行)
5针
织单罗纹
10cm(34针)
减针
平织2行
4-2-11
平收4针
织全平针
后片
织上针
织双罗纹
28cm
(86针)
8cm
(46行)
18cm
(78行)
2cm
(8行)
织全平针
10cm(35针)
5cm
(22行)
12行
开扣洞2个
减针
平织2行
4-2-11
平收4针
前片
织上针
织上针
加1针
织花样
28cm
(86针)
织双罗纹
领
减针
2-1-11
中间平收13针
领
织双罗纹
挑130针
2cm
(8行)

温馨保暖套头衫

【成品规格】衣长32cm，胸围56cm，连肩袖长33cm

【编织密度】29针×30行=10cm^2

【工　　具】14号棒针

【材　　料】毛线200g

【编织要点】

1. 从下往上织插肩袖衣，起162针织衣身，前后片花形一样，交界处织3针桂花针，两侧织扭花，同时也是插肩径；织到开挂时停下待用；

2. 起针织袖，从袖口处开始，织至开挂时停下织另一只；

3. 将衣身和袖连起来织，在扭花的两侧收针，前片织心形图样；

4. 挂肩完成之后织领，织领花样14行，完成。

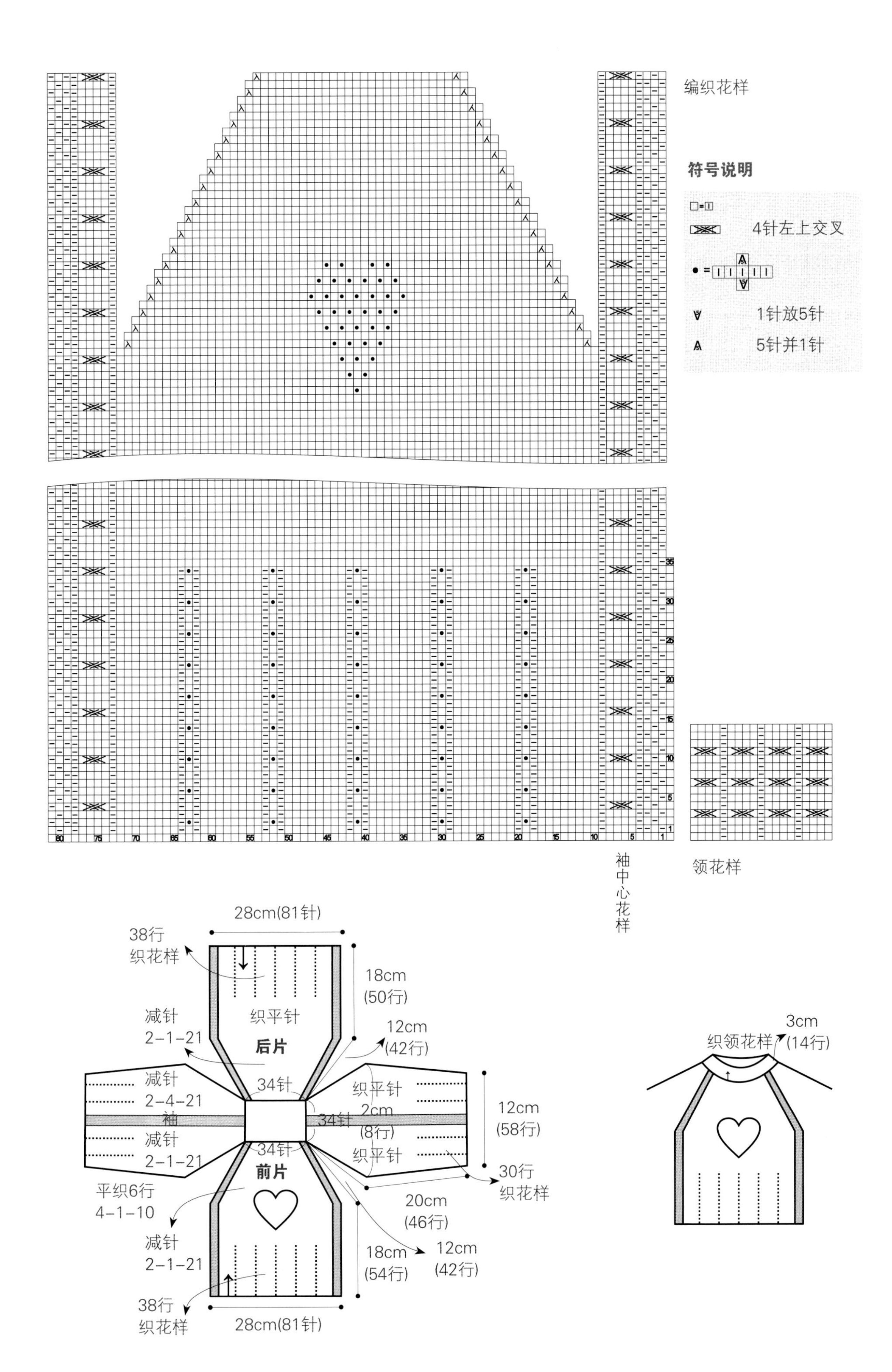

编织花样
符号说明
4针左上交叉
1针放5针
5针并1针
领花样
袖中心花样
28cm(81针)
38行
织花样
18cm
(50行)
织平针
后片
减针
2-1-21
12cm
(42行)
减针
2-4-21
袖
减针
2-1-21
34针
34针
34针
织平针
2cm
(8行)
织平针
12cm
(58行)
30行
织花样
前片
平织6行
4-1-10
减针
2-1-21
20cm
(46行)
18cm
(54行)
12cm
(42行)
38行
织花样
28cm(81针)
3cm
织领花样
(14行)

秋意深深复古衫

【成品规格】衣长32cm，胸围56cm，袖长17cm
【编织密度】20针×31行=10cm²
【工　　具】10号棒针
【材　　料】羊毛线250g，纽扣8枚

【编织要点】

1. 起93针织桂花针6行，两侧边缘各5针织桂花针，中间织平针，织62行，此时分出前后片：后片59针，前片两侧各17针；
2. 在后片的两侧加平针37针为袖，与后片同织，袖的边缘5针织桂花针，平织24行时，中心35针为后领窝，也织桂花针，继续织6行平收；
3. 前片左右两片分开织，将袖的针数如数挑起，织法同后片，平织30行收针；
4. 另起针织花样，并在两侧开扣洞，连接前片，完成。

编织花样

桂花针

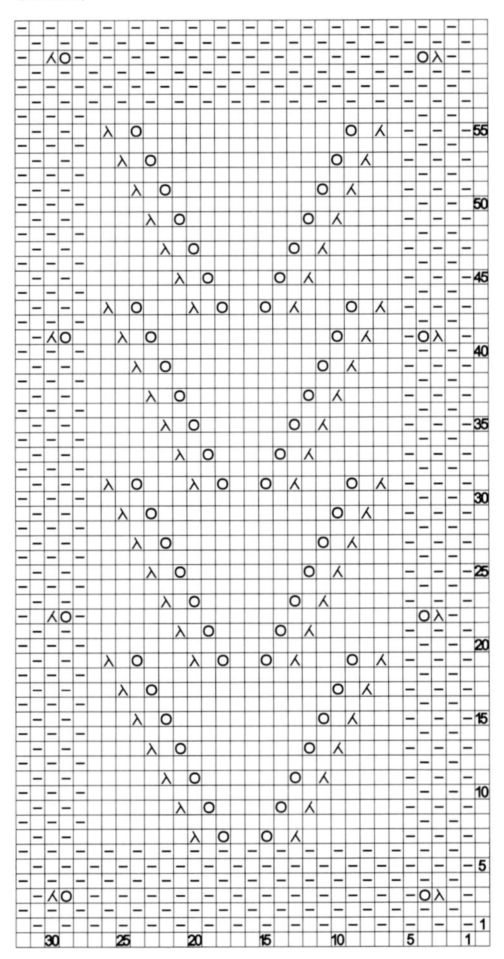

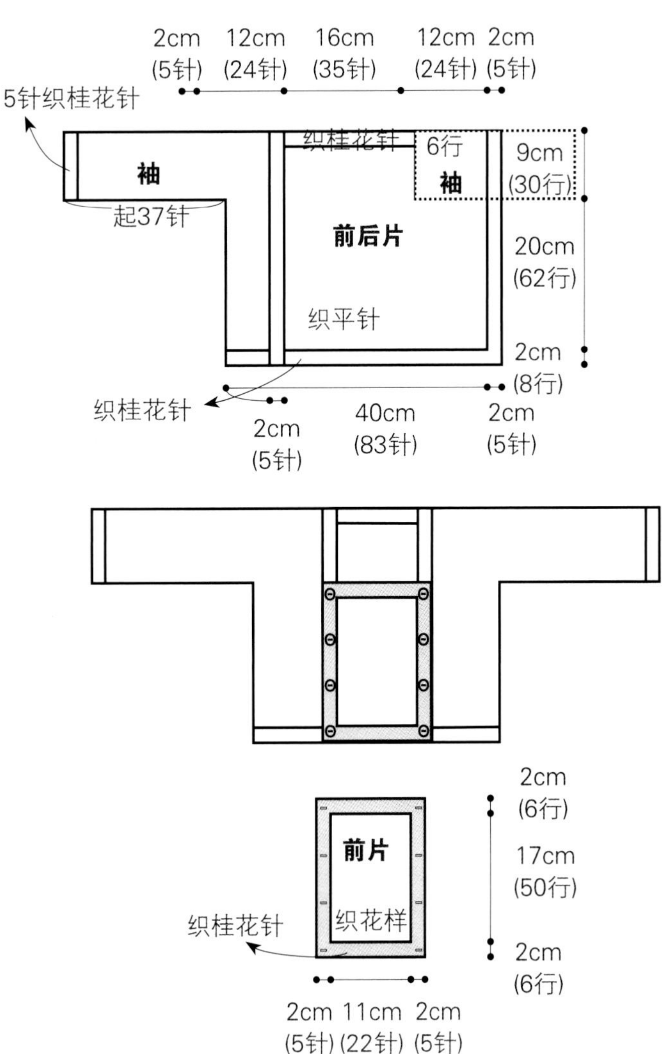

符号说明

□=⊡
◎　加针
⅄　左上2针并1针

可爱玫红套装

【成品规格】衣长32cm，胸围64cm，袖长22cm

【编织密度】22针×30行=10cm²

【工　　具】10号棒针

【材　　料】毛线250g，纽扣5枚

【编织要点】

1. 后片：起68针，织8行单罗纹后开始织花样，中心10针织平针，两侧花样各22针，边缘各7针织平针；织50行后开挂肩，肩织平肩，后领窝中心平收18针，两侧各收2针；

2. 前片：起34针，织法同后片；

3. 袖：从上往下织，起24针，中心22针织花样，两侧织平针，袖口一次均收14针，织单罗纹收针；

4. 领、衣襟：先挑针织衣襟，一侧开扣洞，再挑针织领；缝合纽扣，完成。

编织花样交叉

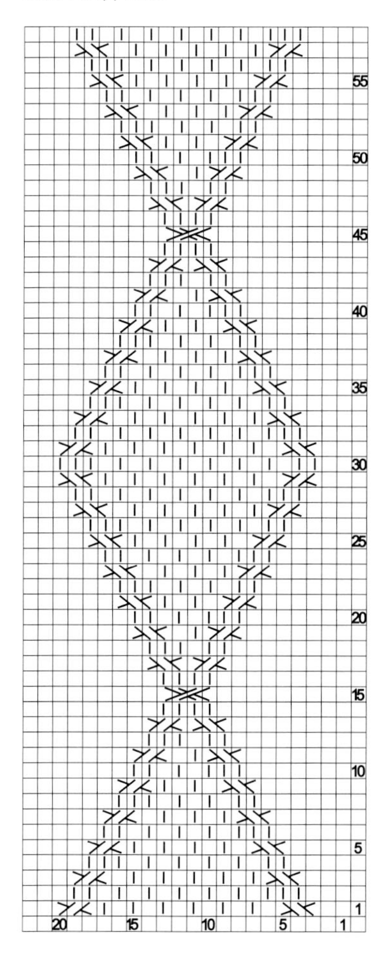

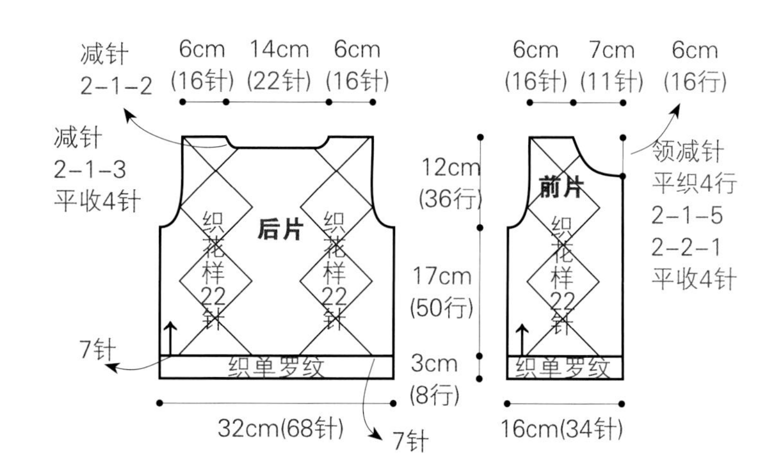

领、衣襟

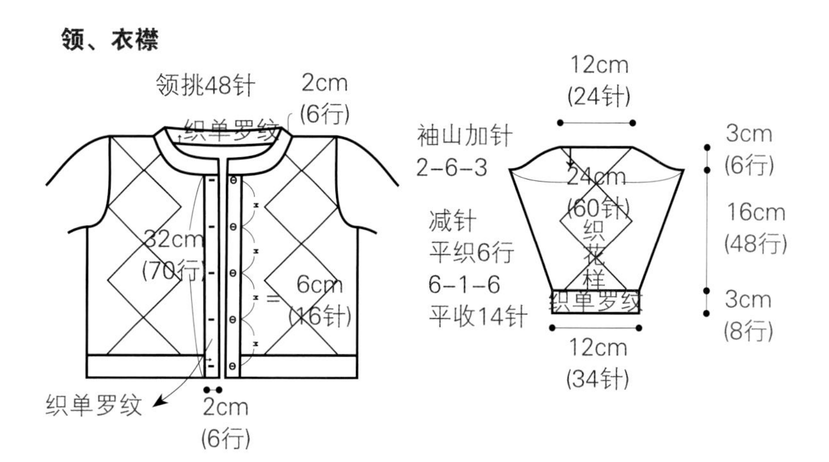

符号说明

□=⊟

3针左上2针交叉

4针左上交叉

一字形扣眼

1 一字形的扣眼根据扣子的大小收3针、4针、5针都行。

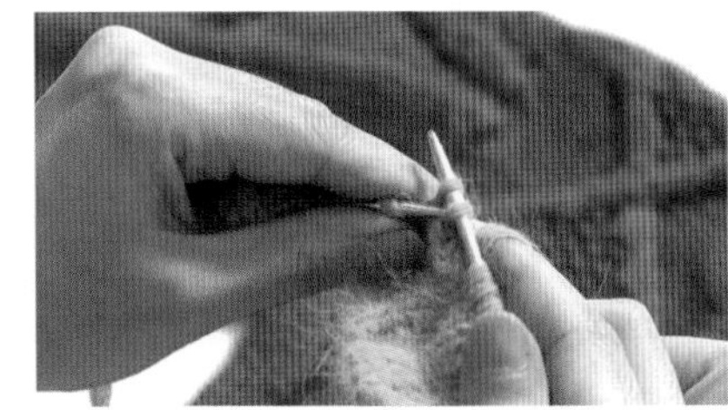

2 以4针为例，第一针挑过不用织，直接如图所示收掉。

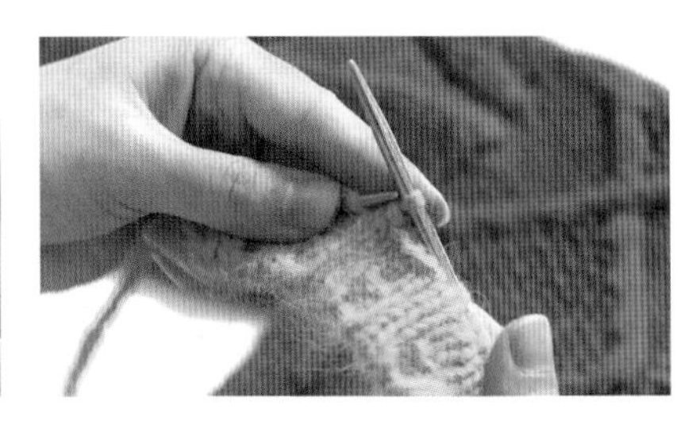

3 按同样的方法收掉4针，如图所示将最后一针套到左棒针上。

4 翻到反面，在如图所示位置加5针。

5 正面将多加的那一针跟左棒针上的第一针合并。

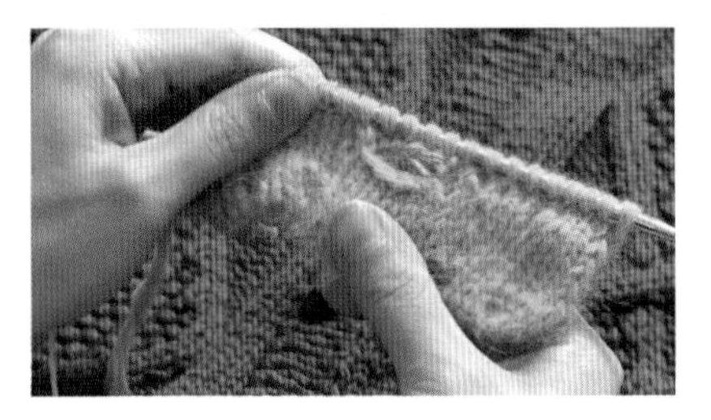

6 合并后照常织，一字形扣眼完成。

圆形扣眼

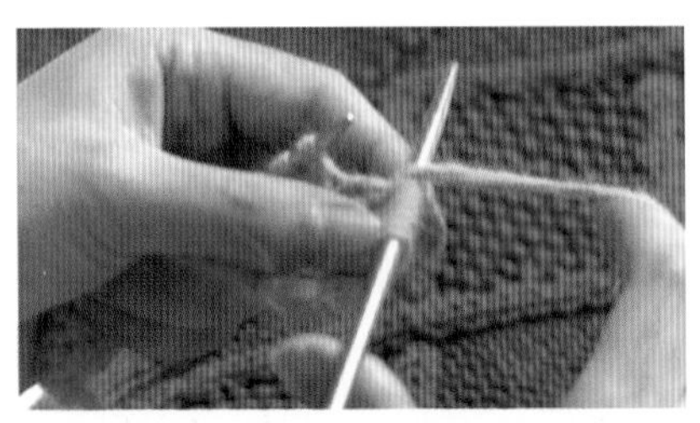

1 2针并1针然后绕线加针，根据所需扣眼的大小选择绕1次还是2次。

2 加针后正常织。

3 反面也正常织，到加针的位置我们这里是绕了2圈，所以织1针放1针。

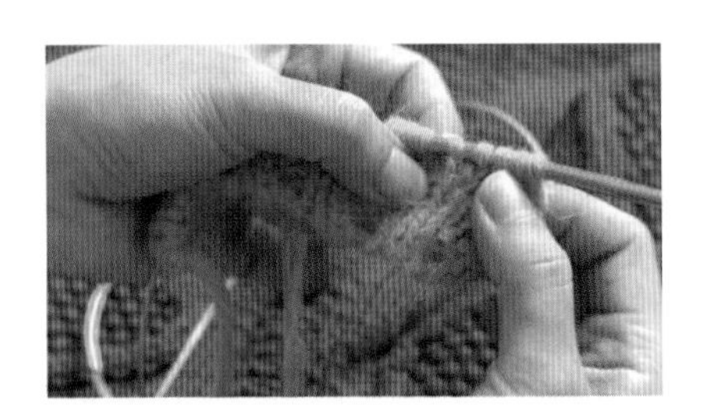

4 圆形扣眼完成。

开裆裤的织法

开裆裤的裆前面比后面低4~6cm。

1 以36针为例讲解开裆的织法，首先将36针一分为二，裆的边留4针的话，就是左右各留2针。

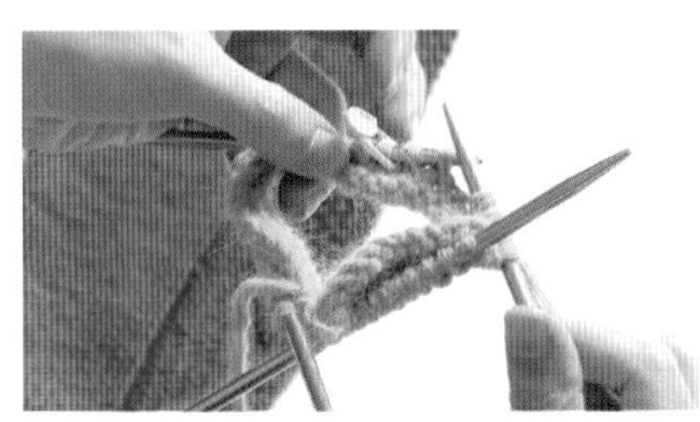

2 先织一边，织到留边的4针时，织1行上针。

3 织完4针后不再往前织，翻过来织反面，留边的4针织下针，其余的织上针。

4 织完后在留边的4针的位置从反面挑4针上针，挑针的针数根据自己的喜好而定，可以挑2~4针。

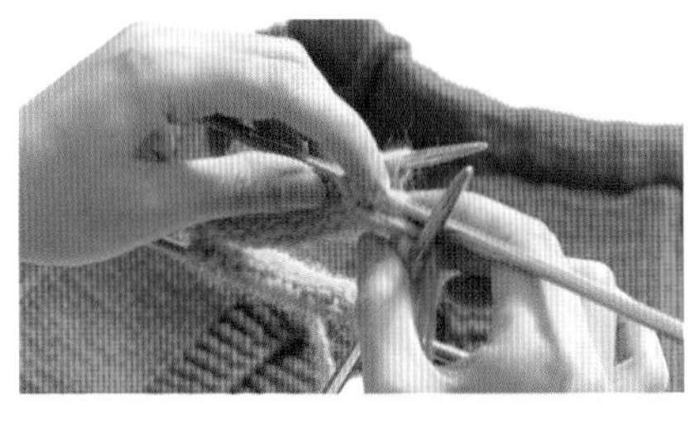

5 分裆完成，还是返回去织，是什么针织什么针。

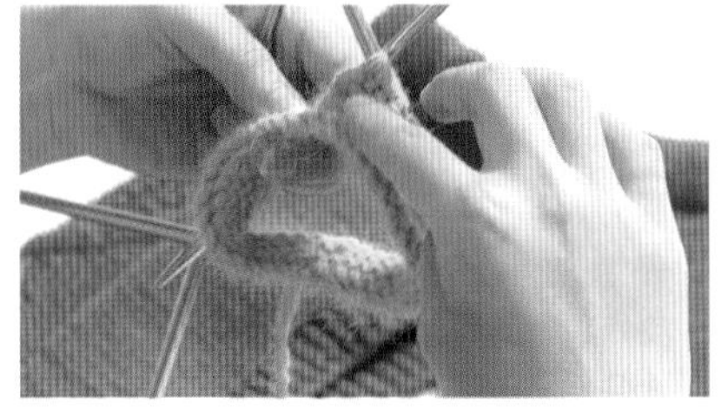

6 每次织完留边的4针就返回去织，相当于片织，织出来的效果就是一边的裤腿。

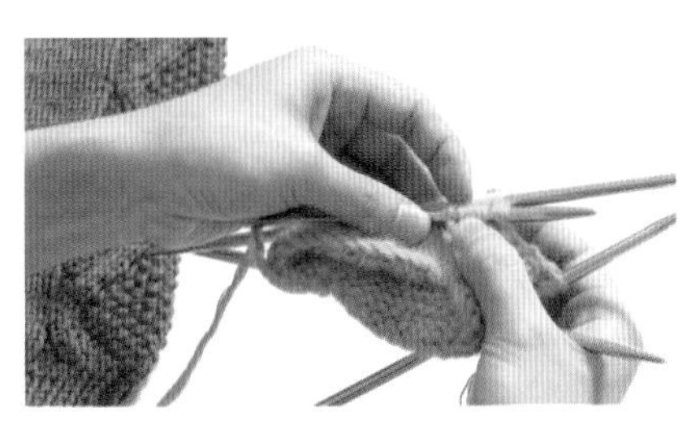

7 织到一定的长度开始合裤腿，这里留边是4针，挑的时候也是4针，所以是4针并4针。

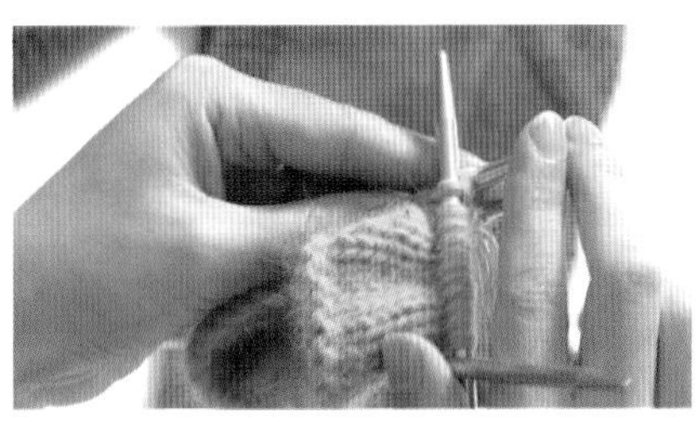

8 采用2针并1针的方式合并，并完之后开始圈织。

【成品规格】裤长42cm，腰围42cm
【编织密度】22针×30行=10cm²
【工　　具】10号棒针
【材　　料】红色毛线200g，松紧带若干

【编织要点】

1. 从裤腰往下织：起120针织16行平针，将松紧带穿入其中后两层重合；将针数分成两部分，裤两侧各22针织花样，中间织平针，前后片中心线分别加针，后片织12行后开裆，从后片中心线分开织，裆线织5针全平针，前片织24行也开始织裆，织法同后片；

2. 裆部分完成后织裤腿，最后织10行单罗纹，完成。

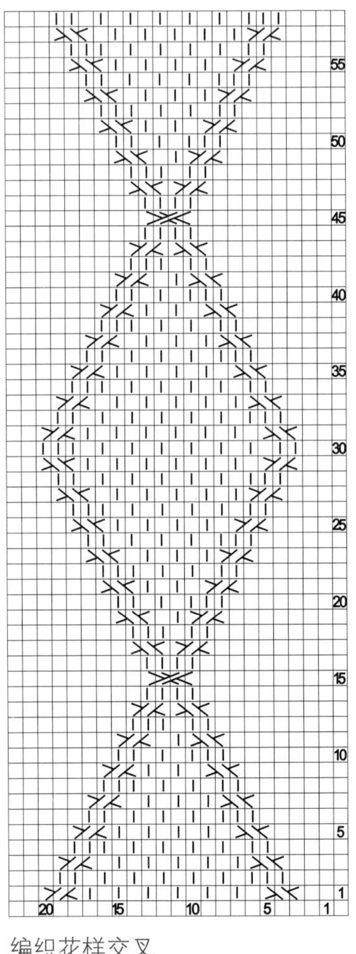

编织花样交叉

符号说明

□=⊟
3针左上2针交叉
4针左上交叉

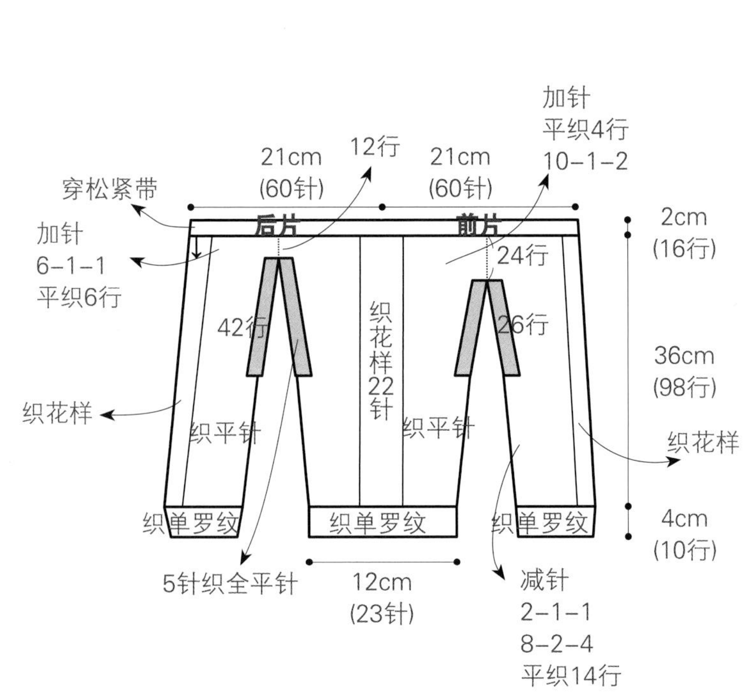

仿牛仔纹裤装

【成品规格】裤长38cm，腰围44cm

【编织密度】21针×40行=10cm²

【工　　具】10号棒针

【材　　料】深蓝和淡蓝色毛线各130g，松紧带若干，五彩小纽扣6枚

【编织要点】

1. 从裤腰往下织：用淡蓝色起120针织20行单罗纹，将松紧带穿入其中后两层重合；将两色线合股织全平针裤身；织60行后分针各一半织裤腿，各织90行，换淡蓝色织8行平收；
2. 另用深蓝色织两小块方形，贴在后片，缝上纽扣点缀，完成。

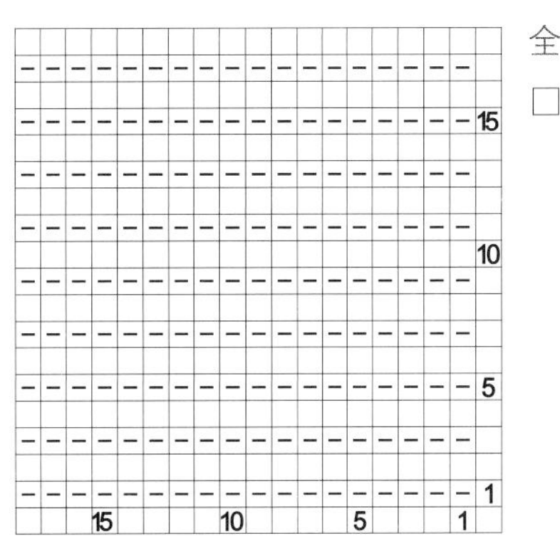

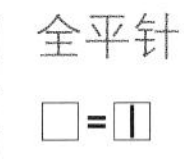

口袋

深蓝色
织全平针
8cm
(16行)
8cm(20针)

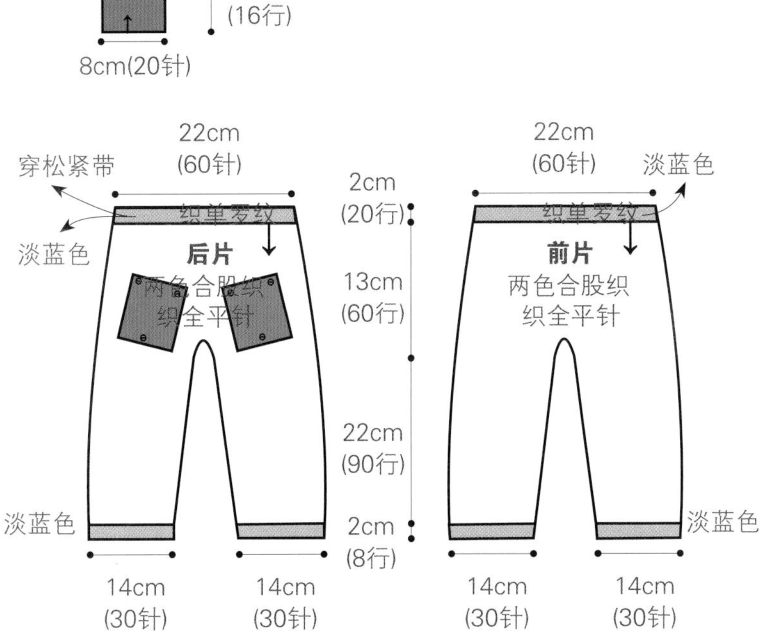

简约儿童小背心

【成品规格】衣长34cm，胸围64cm
【编织密度】20针×30行=10cm²
【工　　具】10号棒针
【材　　料】灰色毛线200g，咖啡色毛线少许，纽扣7枚

【编织要点】

1. 后片：起69针，织全平针14行，中间51针开始织平针，两侧左边9针，右边7针仍织全平针；织60行后平收两侧的全平针；此时全部织全平针；织30行中间27针平收，肩带左侧织14行，右侧织8行平收；
2. 前片：起69针织14行全平针，中间51针织平针，左侧9针，右侧7针仍织全平针，并开扣洞5个；开挂平收两侧的全平针，织16行平收中间的27针，左肩带织22行。
3. 缝合两片及纽扣，在前片绣上字母e，完成。

前片
编织花样

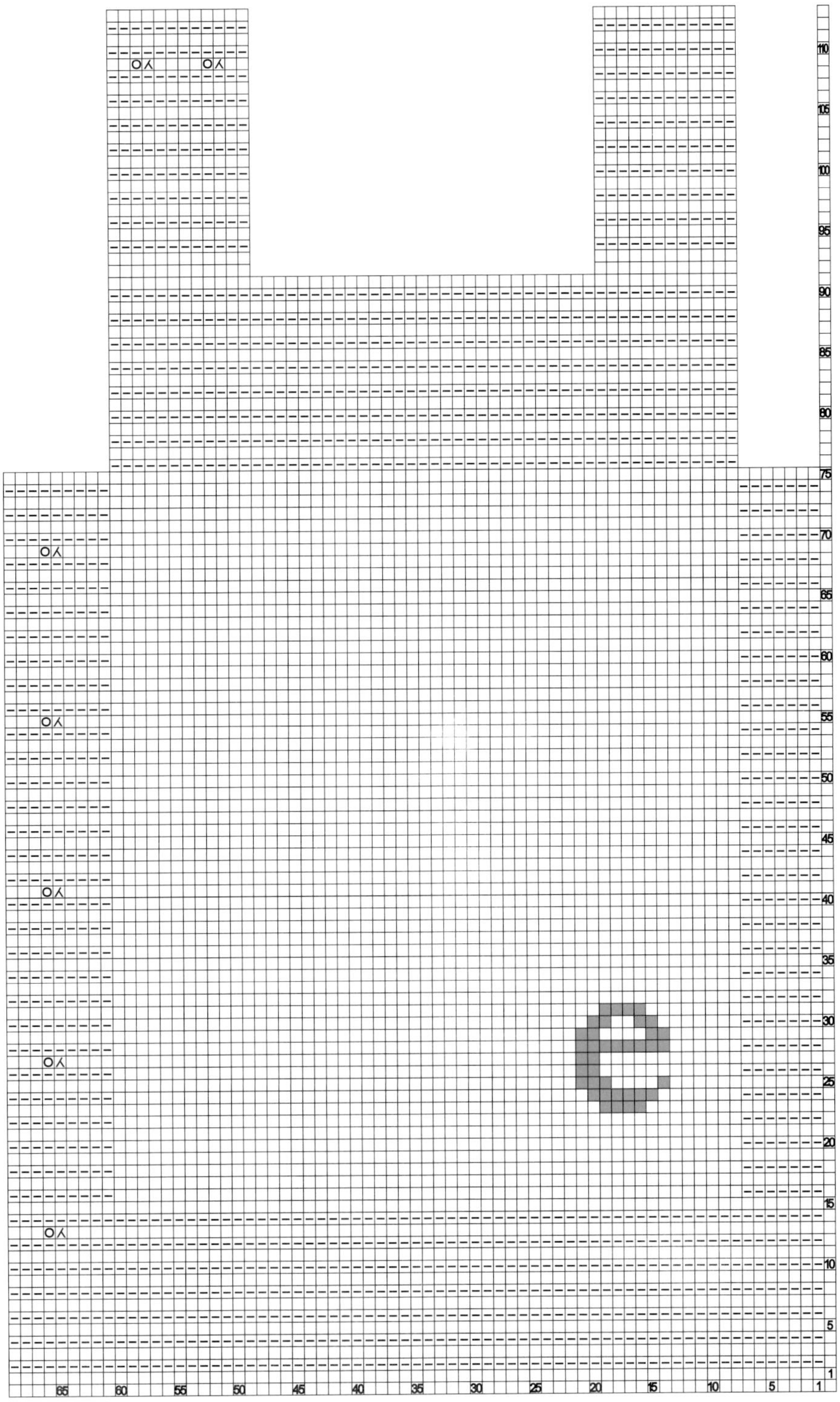

符号说明

□=|
○ 加针
入 左上2针并1针

6cm (12针) 14cm (27针) 6cm (12针)
14行
平收7针
8行
平收27针
10cm (38行)
平收9针
后片
20cm (60行)
织平针
织全平针
4cm (14行)
5cm (9针) 26cm (51针) 3cm (7针)

6cm (12针) 56cm (27针) 6cm (12针)
10cm (38行)
22行
平收9针
平收27针
前片
20cm (60行)
织平针
12行
织全平针
4cm (14行)
5cm (9针) 26cm (51针) 3cm (7针)

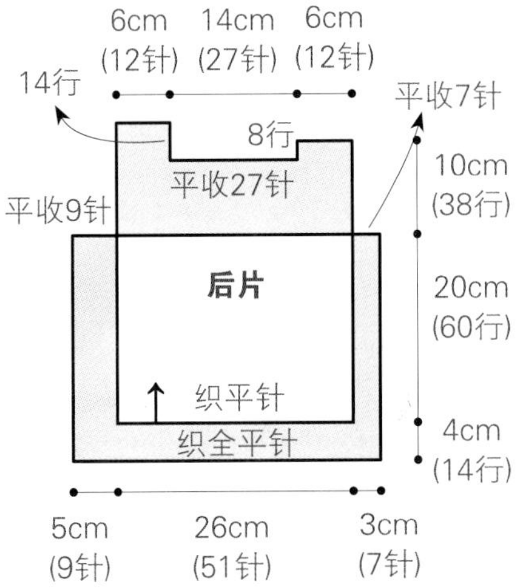

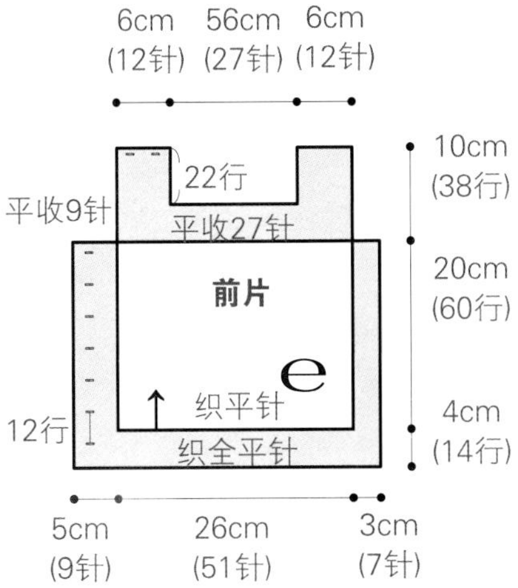

40

灰色舒适小开衫

横织衣服的加减针

1 假设起了足够的针数开始加针。

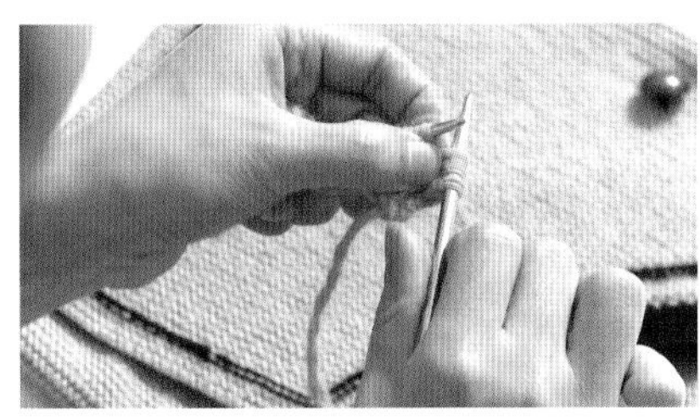

2 每次到正面第3针下面的线圈挑起1针来加针。

3 加针到足够的长度就会有如图所示衣服的弧度。

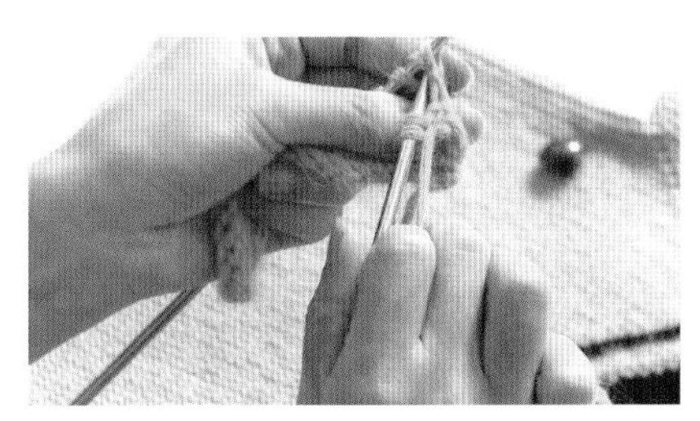

4 加针到合适的长度开始收肩缝，在加针的位置2针并1针收掉。

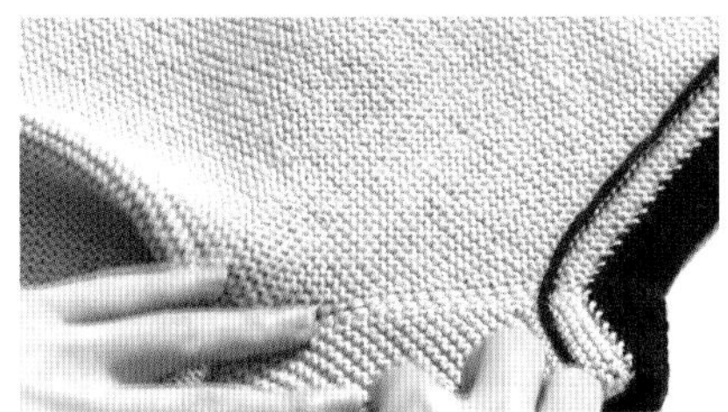

5 收针收到合适的长度，后面的肩缝以同样的方法加针，加针的针数与前面减针的针数相同。

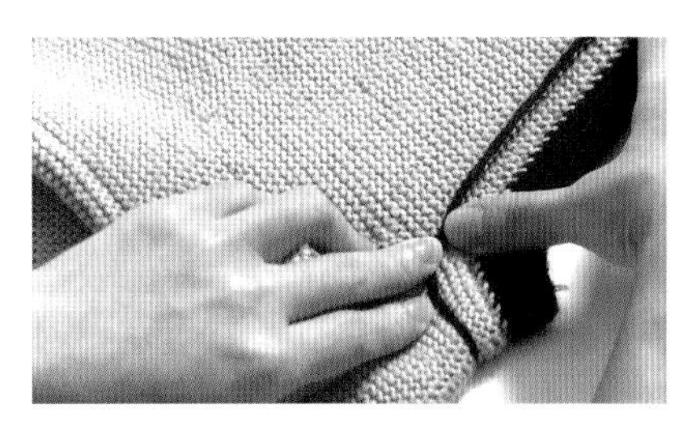

6 平织领宽，然后重复4、5步。

折回织法

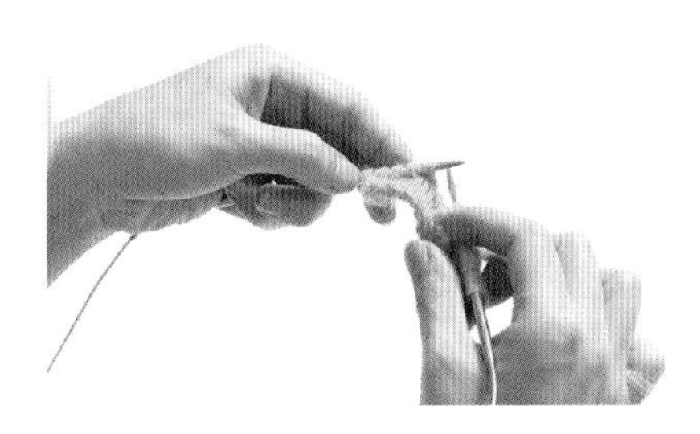

1 以5针折回为例，织到还剩5针就不织了。

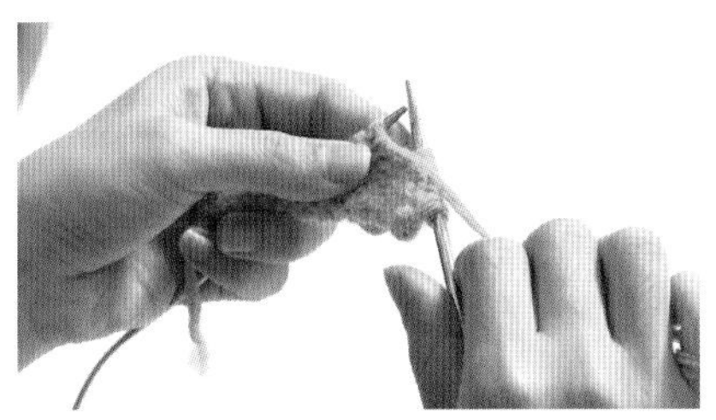

2 反面要先绕线加1针，然后第1针挑过不用织，后面正常织。

3 到正面的时候将加的1针跟后面1针合并，后面正常织。

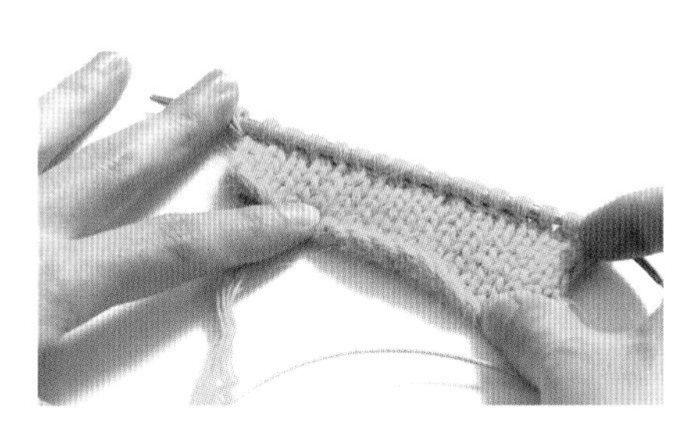

4 折回织法的好处是加针的地方完全看不到洞，会形成一定的斜度，主要用在织斜肩的时候。

【成品规格】衣长23cm，胸围56cm，连肩袖长21cm
【编织密度】32针×66行=10cm²
【工　　具】14号棒针
【材　　料】灰色毛线200g，黑色毛线少许；纽扣1枚

【编织要点】

1. 后片：起52针织全平针，平织4行开始在一侧加针织挂肩，另一侧为底边，平织；挂肩完成后平织60行为后领；对称减针织另一侧挂肩，平收；
2. 前片：对称织左右两片，起44针，底边平织，领口部分逐渐加针，加针完成后开始减针织挂肩，织法同后片；对称织另一片；
3. 袖：从下往上织，起58针织全平针，逐渐加出袖筒，开始减针，同后片；
4. 织好后各片缝合；另用黑色线织一条长单罗纹缝合在领部位；然后用黑色沿着路径钩一条轮廓线，缝上纽扣及绊带，完成。

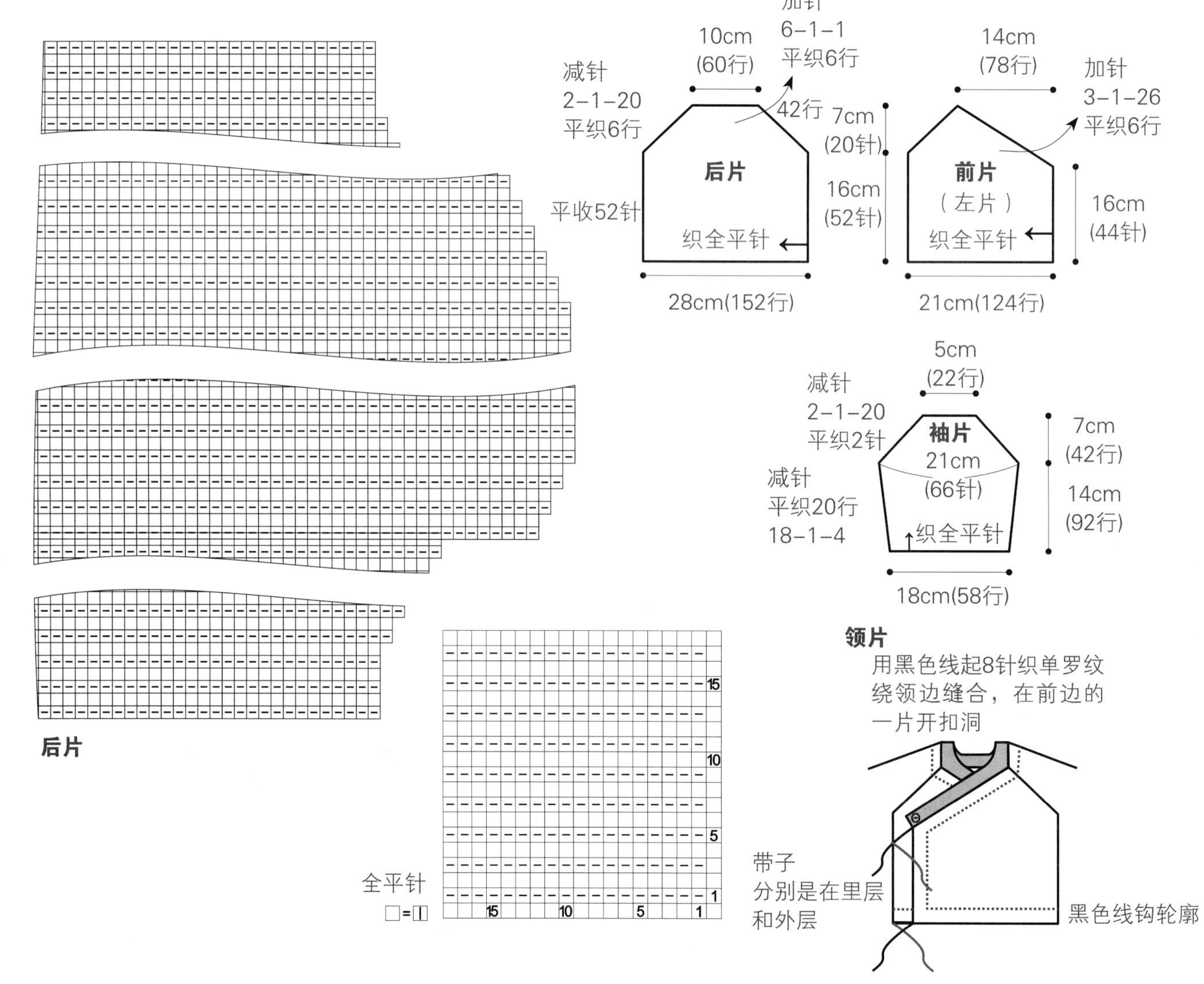

【成品规格】衣长36cm，胸围66cm，连肩袖长33cm

【编织密度】20针×31行=10cm^2

【工　　具】10号棒针

【材　　料】白色毛线300g，其他各色毛线约50g，纽扣6枚

【编织要点】

1.从领口往下织，主体色为白色，白色线起82针织单罗纹6行，开始全平针间色花样并分散加针，整个圆肩分散加针共5次，完成后用白色织6行平针，开始分织各部分。

2.先将针数分开，前片各30针，袖各41针，后片58针，腋下平加8针，身片部分一片织，平织38行后织间色全平针8行，下面织9行花样折过来织缝合。

3.将袖的针数穿起来，按图示减针织袖洞，袖边织间色花样8行，再织花样9行折过缝合。

4.沿边缘挑针织双罗纹衣襟，并在一侧开扣洞6个，缝上纽扣，完成。

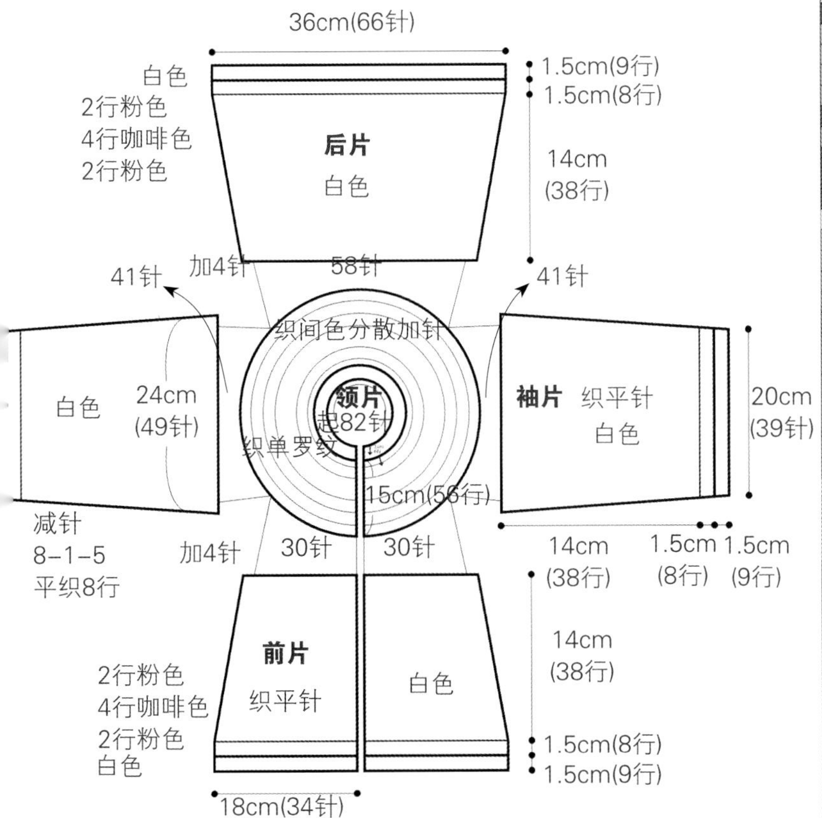

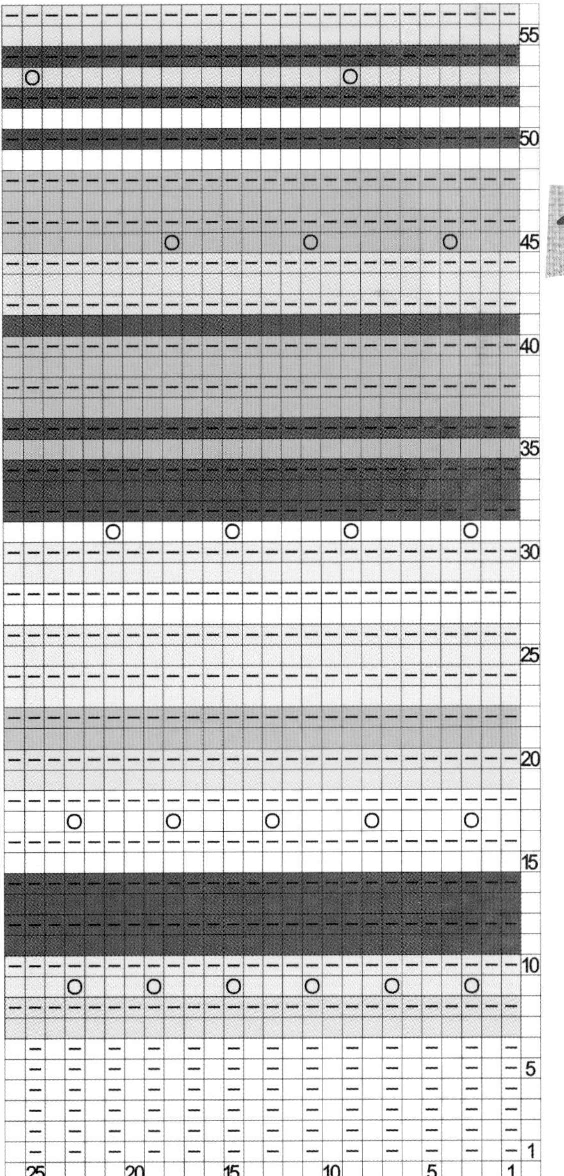

红红火火套头衫

【成品规格】衣长36cm，胸围66cm，连肩袖长38cm

【编织密度】20针×27行=10cm²

【工　　具】10号棒针

【材　　料】羊毛线350g，纽扣24枚

【编织要点】

1. 从领口往下织；起92针织双罗纹8行，开始织圆形肩分散加针织花样；按图解分别加针织28行后分出各片，前片各分45针，袖各31针，分别留1针为径；在径两边每2行各加1针共4针后，在腋下加8针，此时身片圈织，织平针48行，织双罗纹8行；

2. 身片完成后圈织袖，织平针，每8行减1针减5次，平织8行，均收7针织双罗纹边，织24行平收；

3. 分别在交叉花样的位置缝上纽扣，完成。

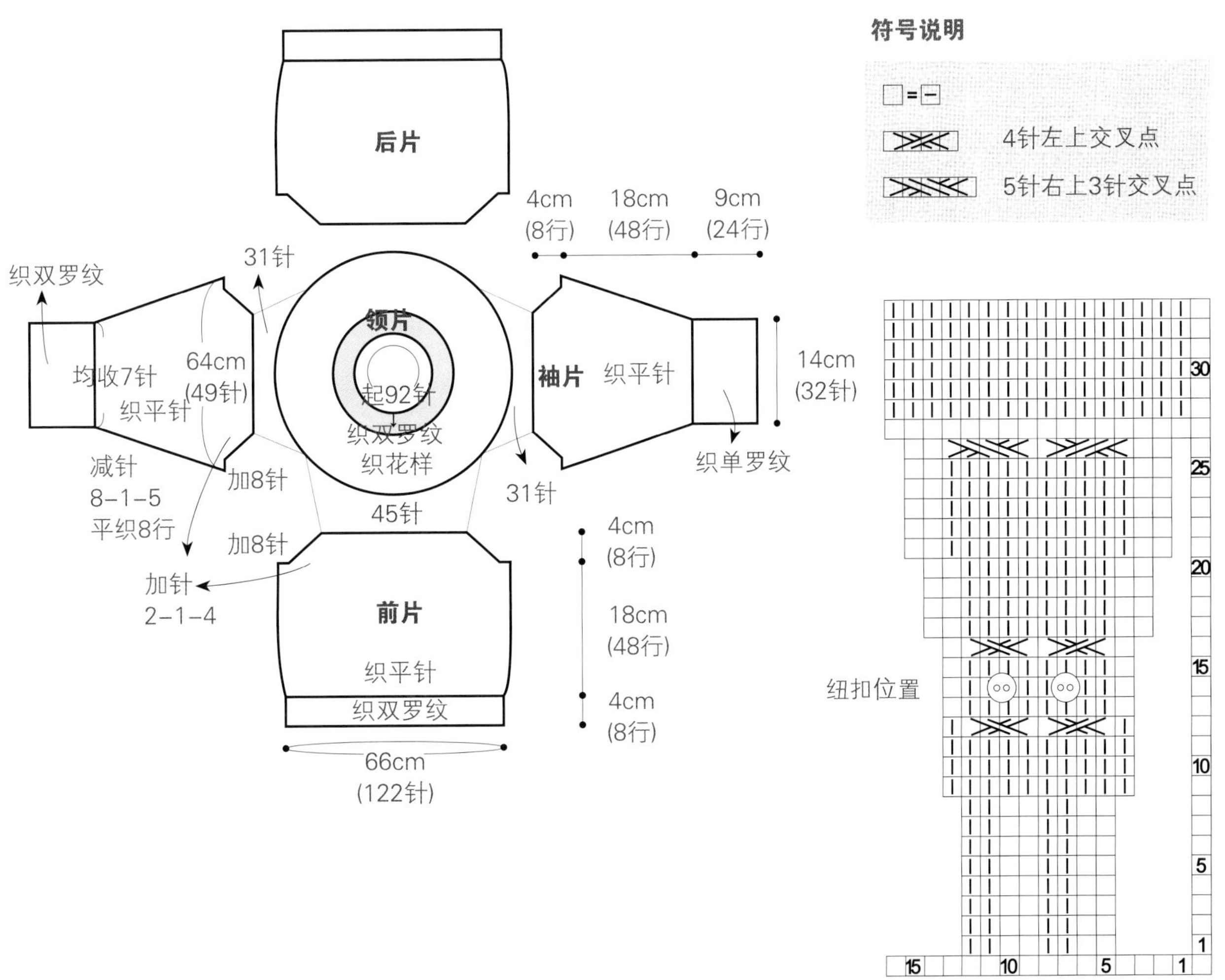

妈咪必备婴儿睡袋

【成品规格】衣长55cm，胸围80cm，袖长22cm

【编织密度】18针×30行=10cm^2

【工　　具】8号棒针

【材　　料】鹅黄色毛线600g，咖啡色毛线50g，纽扣4枚

【编织要点】

1. 从下往上织：起148针织4行全平针后开始织间色花样，织118行分织各片，腋下平收8针，前片各33针，后片66针，平直织48行，身片完成；

2. 对缝肩部，肩各对缝16针，将剩下的70针穿起织帽，织间色花样44行后，平收两侧各24针，将中间的22针织平针织44行做帽顶，与两边缝合；

3. 沿衣襟及帽挑针织全平针边缘，并在一侧开扣洞，缝合纽扣，并将底边缝合，完成。

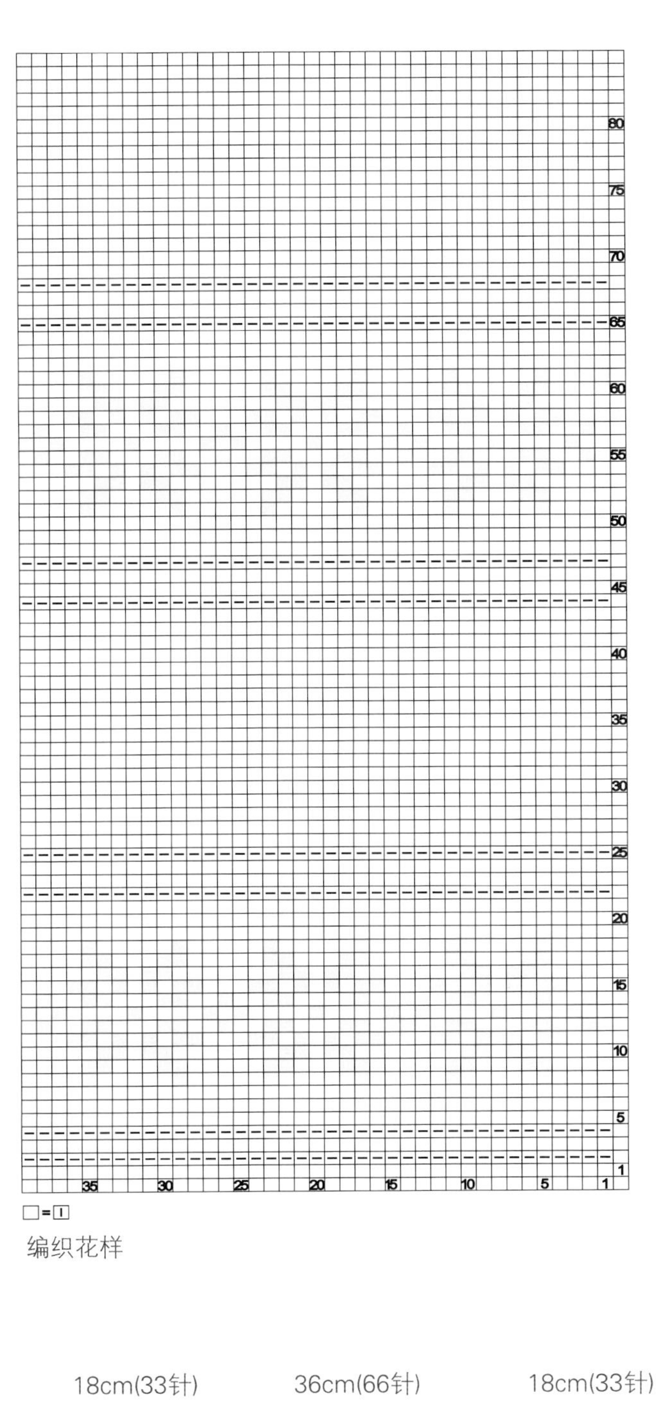

编织花样

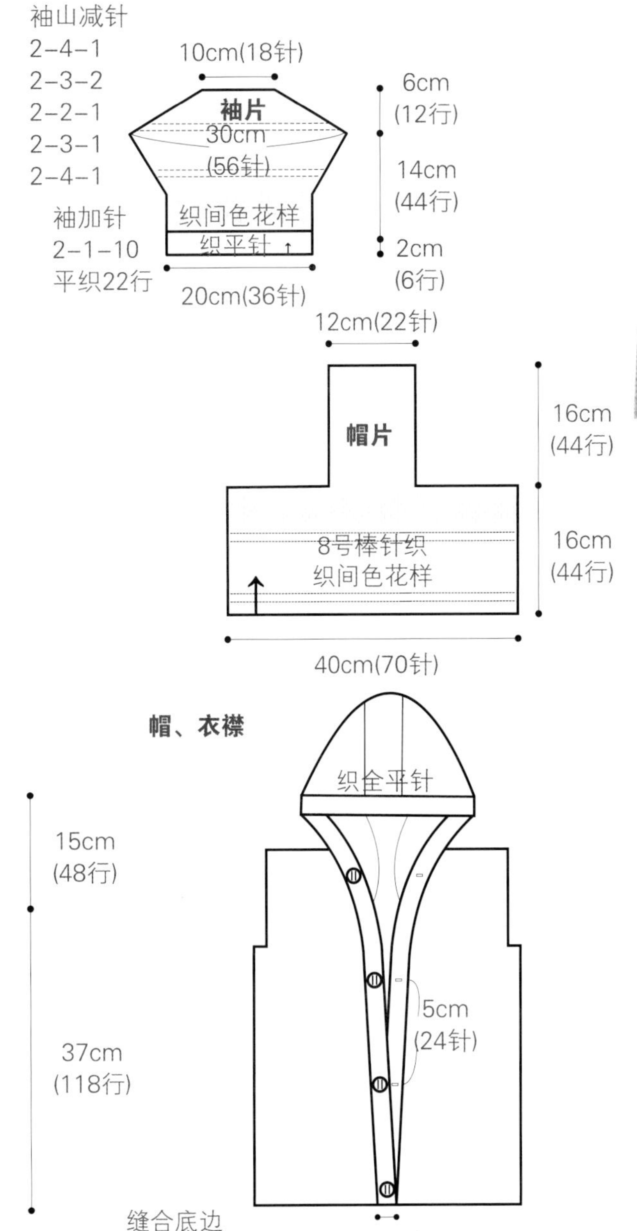

18cm(33针)　36cm(66针)　18cm(33针)

前片　后片　前片

15cm
(48行)

平收8针

37cm
(118行)

织间色花样

80cm(148针)

童趣条纹毛线裤

【成品规格】裤长45cm，腰围44cm

【编织密度】22针×30行=10cm²

【工　　具】10号棒针

【材　　料】绿色和褚色毛线共200g，其他色毛线少许，松紧带若干

【编织要点】

1. 从裤腰往下织：用绿色起124针织双罗纹16行，穿上松紧带重合；下面织双色彩条；织32行绿色，织6行褚色；
2. 后片用引退针织后翘，并绣图案；织46行后在裆部加8针，另一边挑出；开始织裤腿，6行褚色6行绿色交替；织72行后织绿色桂花针6行，平收；
3. 另在后片绣上图案，钩一条带子做装饰，完成。

桂花针

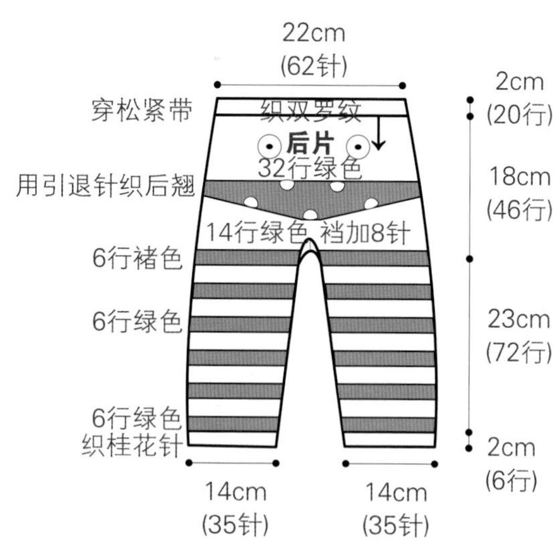

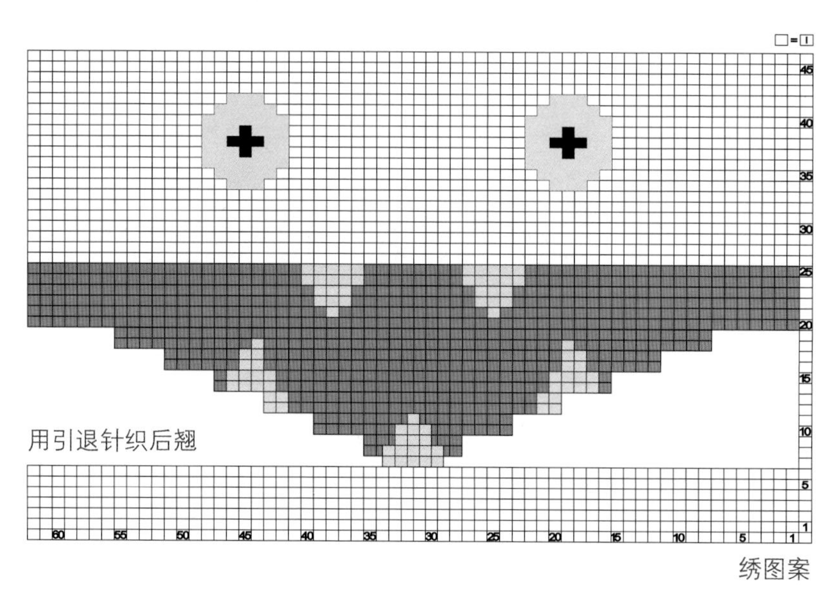

绣图案

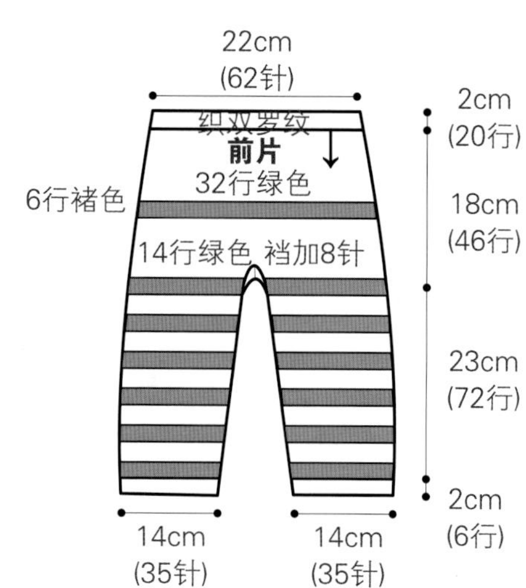

【成品规格】衣长40cm，胸宽24cm，肩宽20cm

【编织密度】20针×26.4行=10cm²

【工　　具】10号棒针

【材　　料】粉色丝光棉线300g，白色线若干

【编织要点】

1. 棒针编织法，由前片1片、后片1片、袖片2片、领片1片组成。从下往上织起。

2. 前片的编织。一片织成。起针，平针起针法，起73针，起织花样B，不加减针，编织74行至袖窿。袖窿起减针，两侧同时平收3针，2-2-3，当织成袖窿算起22行，中间平收15针，两边进行领边减针，2-1-9，2行平坦，再织20行后，至肩部，各余下11针，收针断线。

3. 后片的编织。一片织成。起针，平针起针法，起73针，编织花样B，不加减针，织成74行，至袖窿。袖窿起减针，两侧同时平收3针，2-2-3，当织成袖窿算起38行时，中间平收29针，两边进行领边减针，2-1-2，至肩部，各余下11针，收针断线。

4. 袖片的编织。袖片从袖口起织，平针起针法，起36针，编织花样A，编织14行后，分散加20针，开始袖身编织，编织花样B，不加减针，织12行至袖窿。并进行袖山减针，平收3针，2-2-3，织成32行，余下38针，收针断线。相同的方法去编织另一袖片。

5. 拼接，将前片的侧缝与后片的侧缝和肩部对应缝合。再将两袖片的袖山中间部分收皱褶边线与衣身的袖窿边对应缝合。

6. 领片的编织，沿着前领边挑62针，后领边挑48针，编织下针，编织14行后，编织花样A，编织6行，同时进行收边，2-10-3，余68针，收针断线，完成。

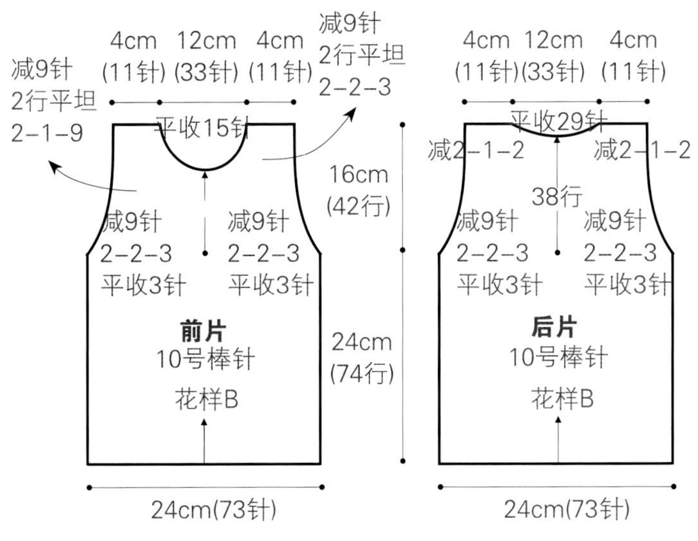

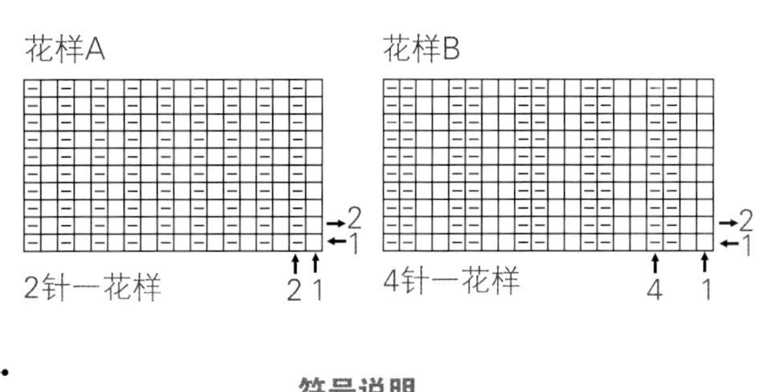

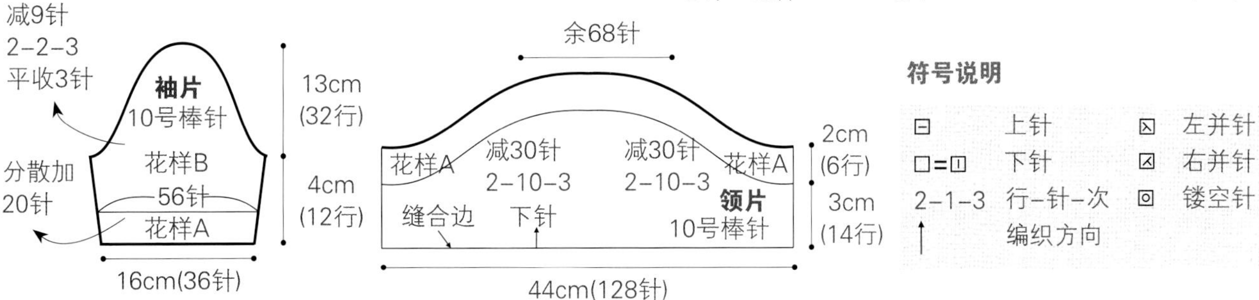

符号说明

⊟	上针	⊠	左并针
□=⊡	下针	⊠	右并针
2-1-3	行-针-次	⊡	镂空针
↑	编织方向		

【成品规格】衣长47cm，胸宽33cm，袖长31cm

【编织密度】18针×20行=10cm²

【工　　具】10号环形针及10号棒针

【材　　料】白色毛腈线340g

【编织要点】

1. 棒针编织法，单片编织而成。

2. 袖片的编织。从袖口起织，单罗纹针起针法，起38针，编织花样A，织4行，第5行起，以中心13针为中心编织花样C，两侧分别编织花样B，织32行，第33行起两侧同时加针，加2-2-3，加6针，开始身片编织。

3. 身片的编织。前片和后片连片编织。完成袖片加针即开始身片加针，加2-2-3，加6针，然后两侧分别平加46针，分别编织花样C、花样C、花样B，前后片的花样相同。不加减针织58行，第59行开始身片减针编织。

4. 衣领的编织。完成前后身片的加针后，从袖口处织62行，第63行进行衣领减针，后领的编织，从后片73针处平收9针，后领减2-1-3，不加减针织28行，然后再加2-1-3，加减针数相同，前衣领的编织，在平收9针后，前衣领减2-1-8，不加减针织8行，再加2-1-8，加减针数同样要相同，然后平加9针，与后领连接后，继续各花样的编织。

5. 编织另一边减针方向的身片及袖片，减针数与加针数要完全相同，然后编织4行花样A袖口边，收针断线。

6. 衣领片的编织。沿着前后衣领，挑出84针，编织花样D，织4行，收针断线，完成。

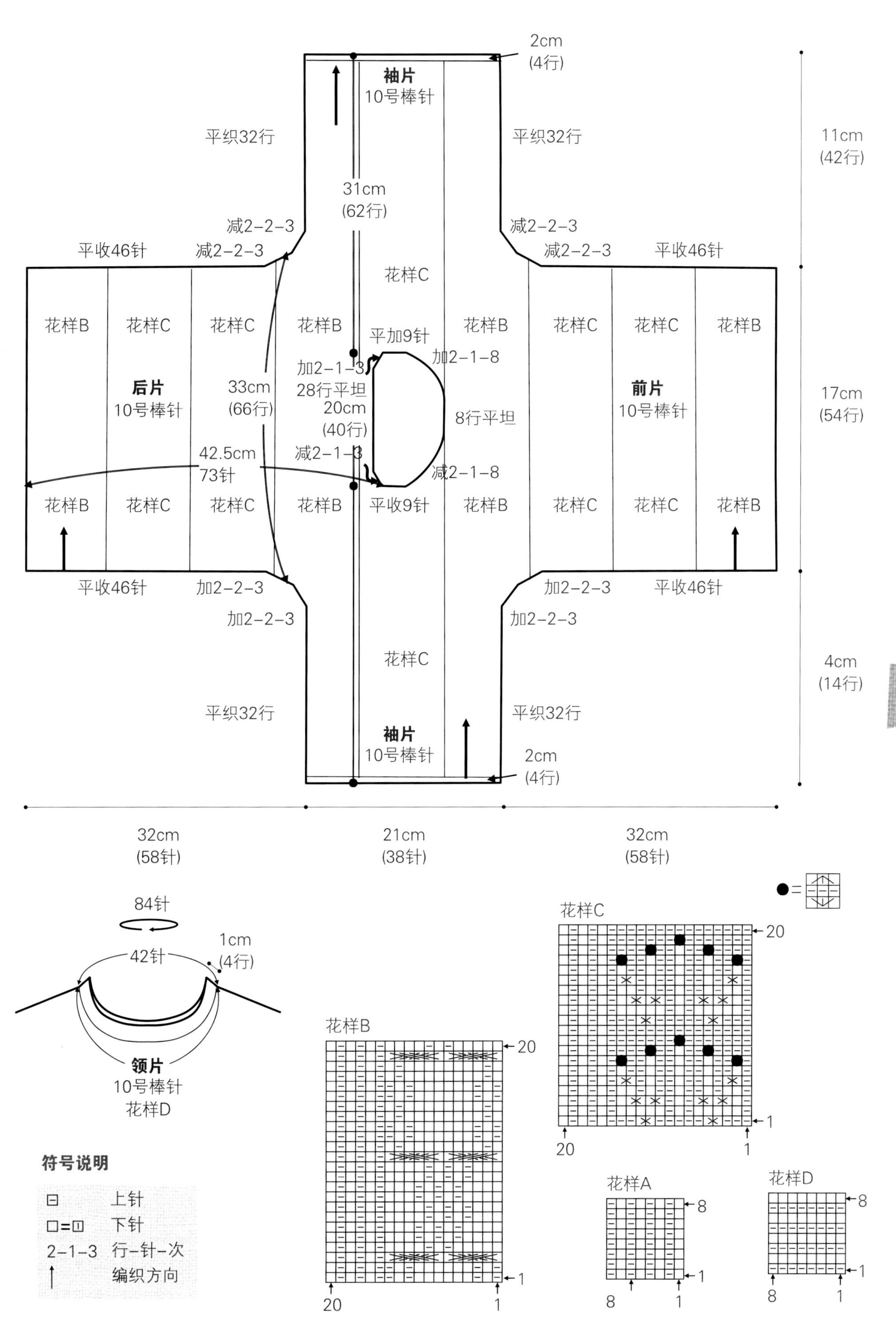

2cm
(4行)
袖片
10号棒针
平织32行
平织32行
11cm
(42行)
31cm
(62行)
减2-2-3
减2-2-3
平收46针
减2-2-3
减2-2-3
平收46针
花样C
花样B
花样C
花样C
花样B
平加9针
花样B
花样C
花样C
花样B
加2-1-3
加2-1-8
后片
10号棒针
33cm
(66行)
28行平坦
20cm
(40行)
8行平坦
前片
10号棒针
17cm
(54行)
42.5cm
73针
减2-1-3
减2-1-8
花样B
花样C
花样C
花样B
平收9针
花样B
花样C
花样C
花样B
平收46针
加2-2-3
加2-2-3
平收46针
加2-2-3
加2-2-3
花样C
4cm
(14行)
平织32行
平织32行
袖片
10号棒针
2cm
(4行)
32cm
(58针)
21cm
(38针)
32cm
(58针)
84针
42针
1cm
(4行)
领片
10号棒针
花样D
符号说明
上针
下针
2-1-3 行-针-次
编织方向
花样B
20
1
20
1
花样C
20
1
20
1
花样A
8
1
8
1
花样D
8
1
8
1

【成品规格】衣长31cm，胸宽30cm，肩宽22cm

【编织密度】24.5针×34行=10cm²

【工　　具】10号棒针

【材　　料】米色线丝光棉线500g

【编织要点】

1. 棒针编织法，由前片1片，后片1片，袖片2片，领片1片，口袋片2片组成。从上往下织起。

2. 前片的编织。一片织成。平针起针法，起针11针，编织下针，同时进行袖山加针，2行平坦，2-2-6，4-2-5，至袖窿。不加减针，开始编织衣身，编织38行后，编织花样A。编织16行为衣摆，收针断线。

3. 后片的编织。与前片编织方法相同。

4. 袖片的编织。一片织成。平针起针法，起18针，编织下针，两侧进行袖山加针，6-1-1，6-3-3，4-2-2，2-2-1，至袖窿。开始编织袖身，两侧进行袖身减针，15行平坦，4-1-8，编织44行，余28针，不加减针，编织花样A，编织16行，收针断线，相同的方法去编织另一袖片。

5. 拼接，将前片的侧缝与后片的侧缝和肩部对应缝合。再将两袖片的袖山边线与衣身的袖窿边对应缝合。

6. 帽片的编织，沿着前，后领边共挑出70针，编织花样A，织8行，开始编织帽子，以中间为界，左右帽片各留出30针，编织下针中间进行帽片减针，30-1-2，4行平坦。收针断线。将帽顶缝合。然后沿着帽边外沿挑出64针，编织花样A，编织8行，收针断线。帽身完成。同时编织帽耳朵2个，再另起针18针，编织下针，编织36行，对折成帽耳朵，缝制在左右帽片的中间位置。帽子完成。

7. 口袋的编织。以右口袋为例。一片起织，平针起针法，起20针，左侧不加减针，编织下针，右侧进行袋身减针，2-2-2，4-1-4，6行平坦，共编织26行后，收针断线。右口袋完成，相同的方法，相反的方向去编织左口袋。然后缝制在左右前片的相应位置，完成。

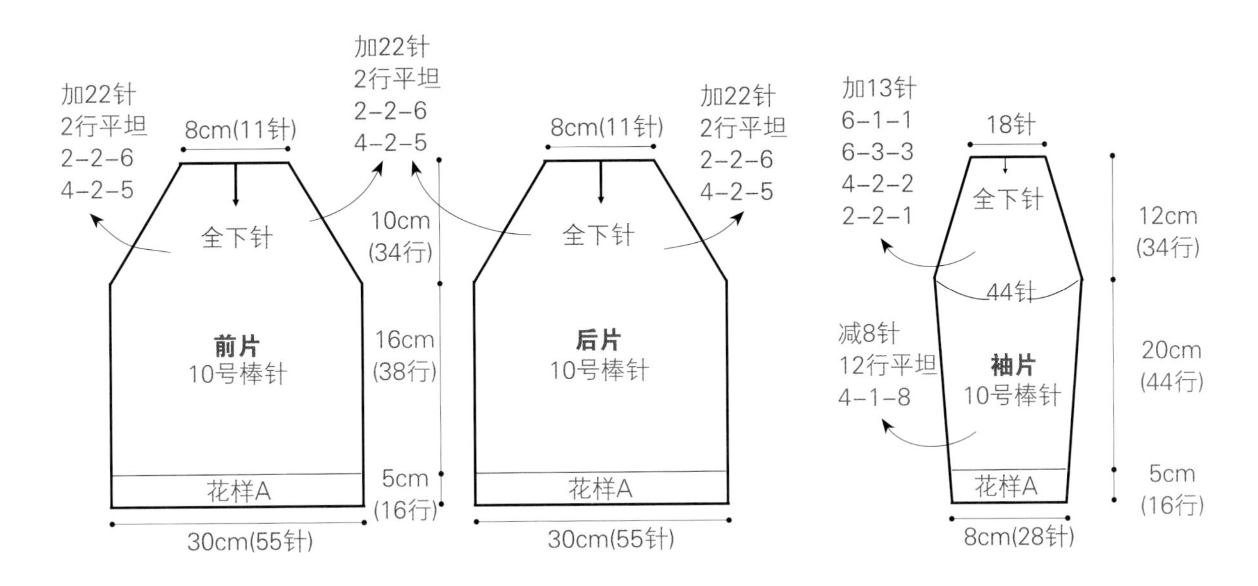
加22针
2行平坦
2-2-6
4-2-5
8cm(11针)
全下针
前片
10号棒针
花样A
30cm(55针)
加22针
2行平坦
2-2-6
4-2-5
10cm
(34行)
16cm
(38行)
5cm
(16行)
8cm(11针)
全下针
后片
10号棒针
花样A
30cm(55针)
加22针
2行平坦
2-2-6
4-2-5
加13针
6-1-1
6-3-3
4-2-2
2-2-1
18针
全下针
44针
减8针
12行平坦
4-1-8
袖片
10号棒针
花样A
8cm(28针)
12cm
(34行)
20cm
(44行)
5cm
(16行)

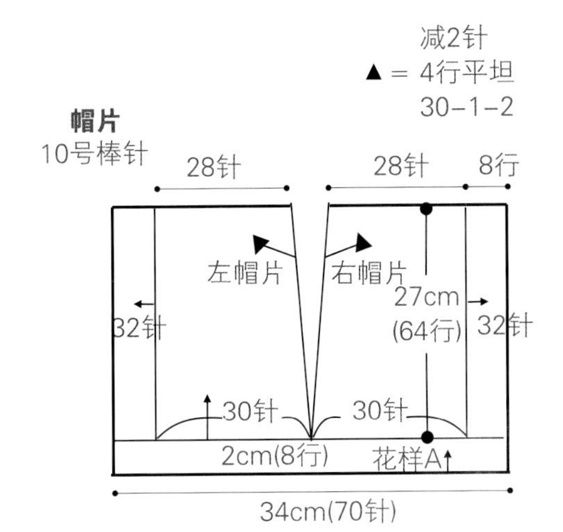
减2针
▲ = 4行平坦
30-1-2
帽片
10号棒针
28针
28针
8行
左帽片
右帽片
32针
27cm
(64行)
32针
30针
30针
2cm(8行)
花样A
34cm(70针)

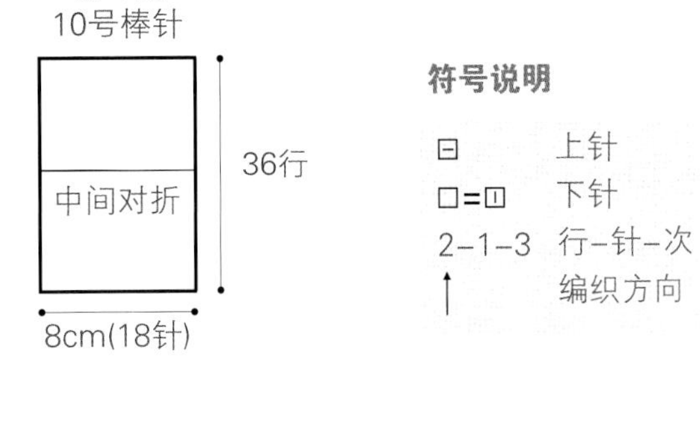
帽耳朵
10号棒针
中间对折
36行
8cm(18针)
符号说明
上针
下针
2-1-3 行-针-次
编织方向

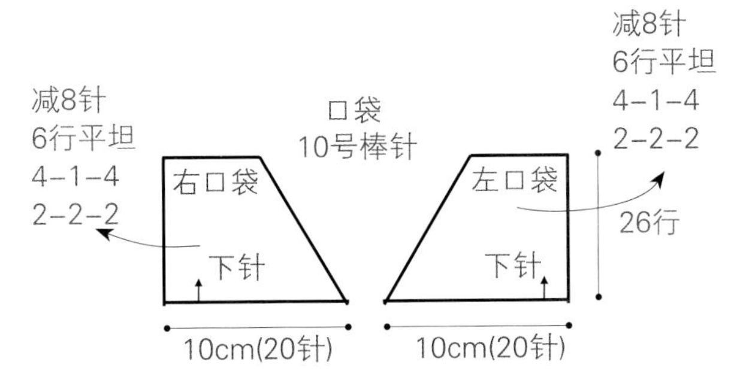
减8针
6行平坦
4-1-4
2-2-2
口袋
10号棒针
右口袋
下针
10cm(20针)
减8针
6行平坦
4-1-4
2-2-2
左口袋
下针
26行
10cm(20针)

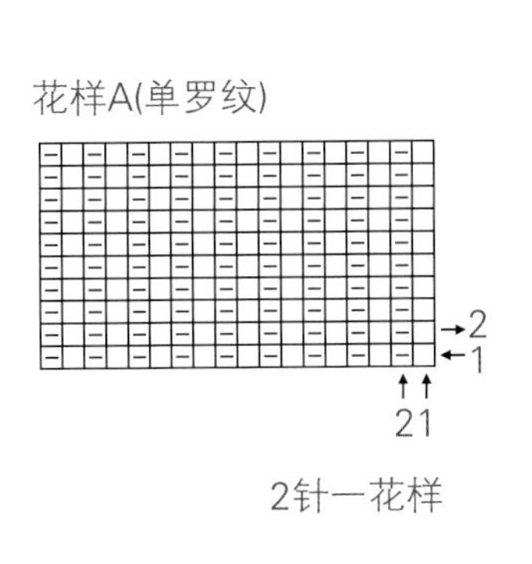
花样A(单罗纹)
2
1
21
2针一花样

时尚宝贝套头衫

【成品规格】衣长42cm，半胸围39cm，肩宽39cm，袖长29cm

【编织密度】13针×22行=10cm^2

【工　　具】10号棒针

【材　　料】花色棉线400g，蓝色棉线100g

【编织要点】

前片/后片制作说明

1. 棒针编织法，衣身由前片和后片分别编织而成。

2. 起织后片，单罗纹针起针法，花色线起52针，起织花样A，织4行后，改织花样B，两侧一边织一边减针，方法为18-1-3，第5行先织6针花线，再织20针蓝色线，余下针数织花线，重复往上织至24行，全部改为花线编织，织至32行，第33行的33针开始编织5针蓝色线，如结构图所示图案编织，织至54行，左右两侧同时减针织成袖窿，方法为1-2-1，2-1-2，织至89行，织片中间留起20针不织，两侧减针织成后领，方法为2-1-2，织至92行，两肩部各余下7针，收针断线。

3. 起织前片，单罗纹针起针法，花色线起52针，起织花样A，织2行后，改为蓝色线编织，织至4行，第5行起，改织花样B，两侧一边织一边减针，方法为18-1-3，织至54行，左右两侧同时减针织成袖窿，方法为1-2-1，2-1-2，织至70行，第71行织片中间留起8针不织，两侧减针织成前领，方法为2-1-8，织至92行，两肩部各余下7针，收针断线。

4. 前片与后片的两侧缝对应缝合，两肩部对应缝合。

袖片制作说明

1. 棒针编织法，编织两片袖片。袖口起织。

2. 单罗纹针起针法，起26针，起织花样A，织4行后，改织花样B，一边织一边两侧加针，方法为8-1-6，织至50行，第51行起编织袖山，两侧同时减针，方法为1-2-1，2-2-7，两侧各减少16针，织至64行，最后织片余下6针，收针断线。

3. 同样的方法再编织另一袖片。

4. 缝合方法：将袖山对应前片与后片的袖窿线，用线缝合，再将两袖侧缝对应缝合。

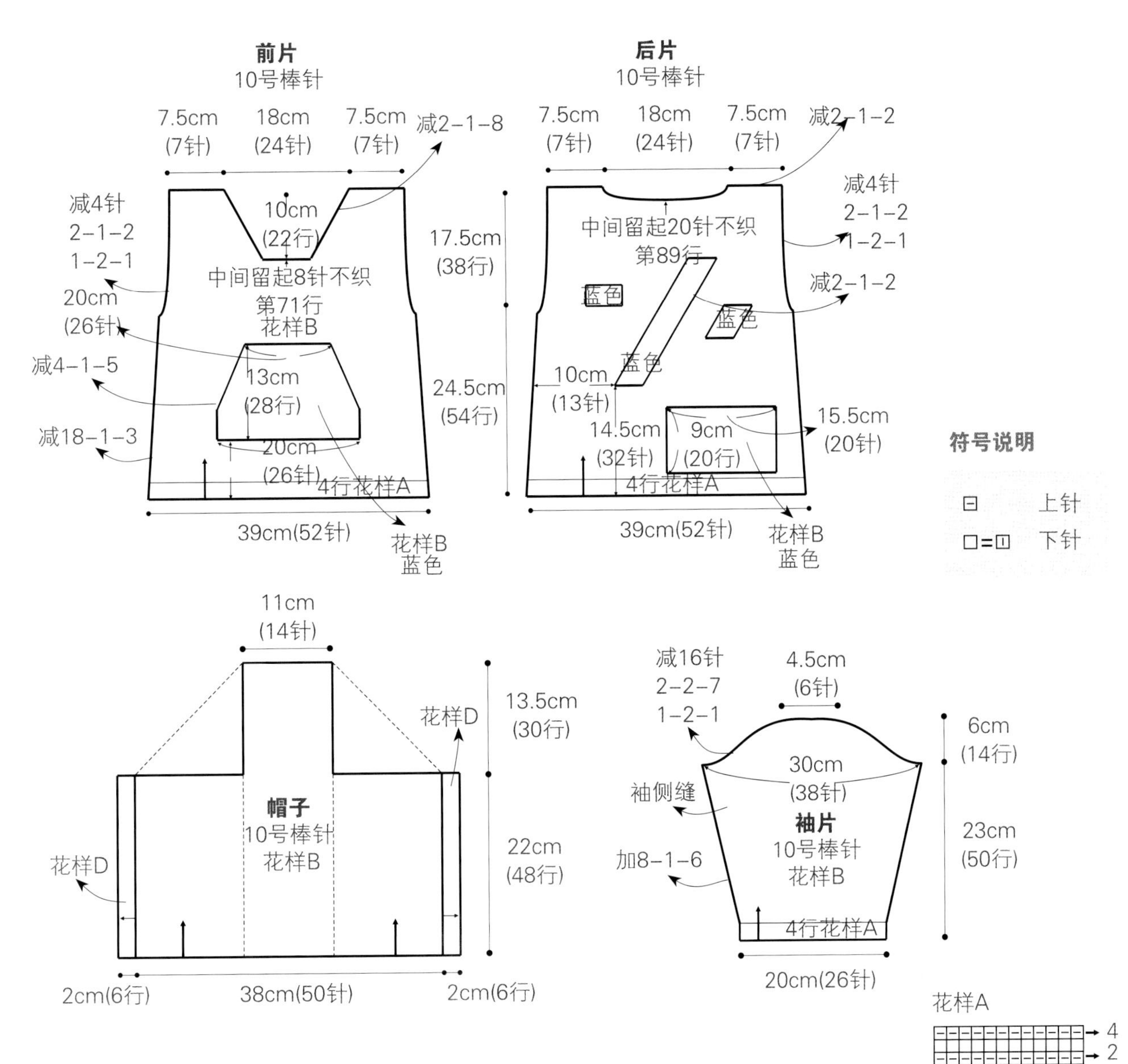

帽子制作说明

1. 棒针编织法，往返编织。

2. 编织帽子。起50针，花色线编织花样B，不加减针织48行后，两侧各收针18针，余下14针继续往上编织，4行蓝色与6行花色线间隔编织，织30行后，两侧与织片左右收针的边沿缝合。

3. 挑织帽边，沿帽子边沿挑针编织，挑起86针，织花样D，织6行后，收针断线 。

领片制作说明

1. 棒针编织法，一片编织完成。

2. 先编织前襟，挑起8针编织花样C，一边织一边两侧加针，方法为2-1-8，织至16行，与后领土完整针数连起来编织，共32针，前领中间重合挑织3针，共35针往返编织，织花样D，织8行后，收针断线。注意在上层衣领口制作2个扣眼，方法是在一行收起2针，在下一行重起这2针，形成1个眼。

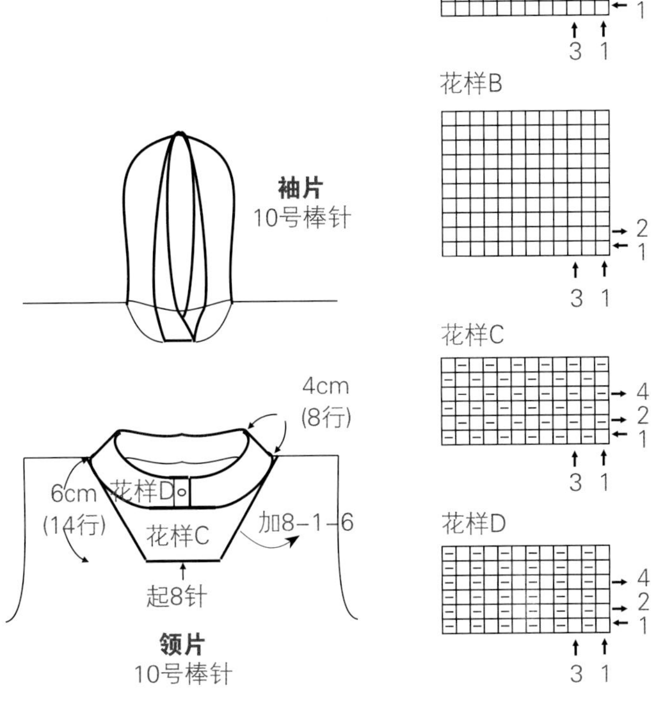

【成品规格】衣长35cm，胸宽34cm，肩宽27cm

【编织密度】26.7针×33.3行=10cm^2

【工　　具】10号棒针

【材　　料】深灰色丝光棉线300g

【编织要点】

1. 棒针编织法，由前片2片、后片1片、袖片2片组成。从下往上织起。

2. 前片的编织。由右前片和左前片组成，以右前片为例。起针，单罗纹起针法，起40针，编织花样A，编织16行后，右侧留11针作为衣襟继续编织花样A(每隔25行留一个扣眼，共留3个扣眼)，左侧余29针编织衣身，编织下针，不加减针，编织42行至袖窿。袖窿左侧起减针，2-1-4，从织成袖窿算起22行时右侧进行衣领减针，平收11针，2-1-10，织成20行，刚好至肩部，余下15针，收针断线。相同的方法，相反的方向去编织左前片。不同之处是衣襟不留扣眼。

3. 后片的编织。单罗纹起针法，起69针，编织花样A，不加减针，织16行的高度。下一行起编织下针，不加减针织42行至袖窿，袖窿两侧起减针，2-1-4。当织成袖窿算起38行时，下一行中间收针27针，两边相反方向减针，减4针，2-1-2，两肩部各余下15针，收针断线。

4. 袖片的编织。袖片从袖口起织，单罗纹起针法，起32针，编织花样A，不加减针，往上织12行的高度，下一行编织下针，两边侧缝加针，6-1-6，6行平坦，织42行至袖窿。并进行袖山减针，2-2-7，织成14行，余下16针，收针断线。相同的方法去编织另一袖片。

5. 拼接，将前片的侧缝与后片的侧缝对应缝合，将前后片的肩部对应缝合；再将两袖片的袖山边线与衣身的袖窿边对应缝合。

6. 领片的编织：前领圈各挑24针，后片领圈挑26针，共74针编织花样A。织成24行。收针断线，领片完成。

7. 口袋的编织。一片织成。单罗纹起针法，起21针，编织下针，不加减针，织成12行后，再编织花样A，编织4行，收针断线。按图缝合在左右前片相应位置，完成。

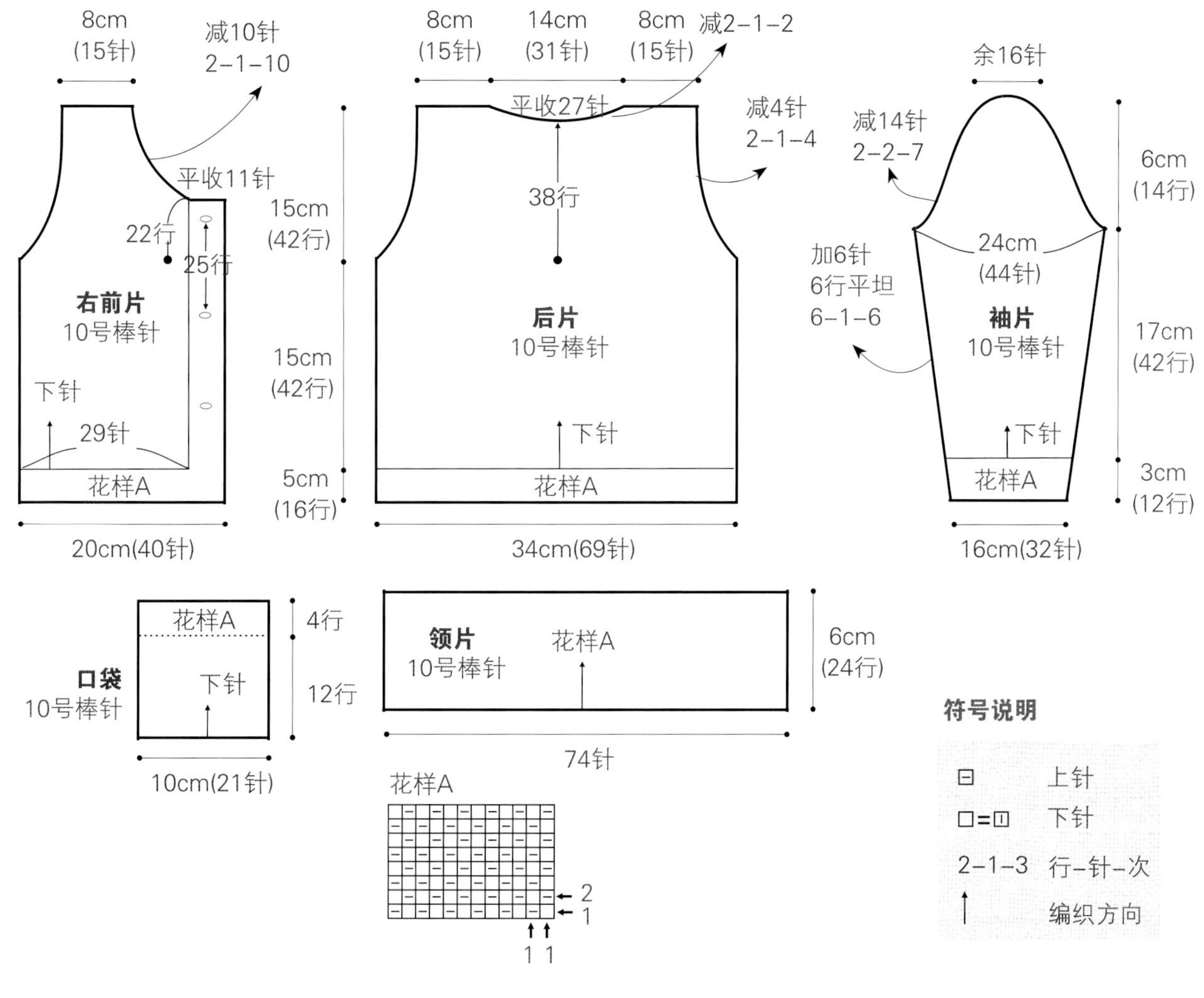
8cm
(15针)
减10针
2-1-10
平收11针
22行
25行
右前片
10号棒针
下针
29针
花样A
20cm(40针)
15cm
(42行)
15cm
(42行)
5cm
(16行)
8cm
(15针)
14cm
(31针)
8cm
(15针)
减2-1-2
平收27针
38行
后片
10号棒针
下针
花样A
34cm(69针)
减4针
2-1-4
余16针
减14针
2-2-7
6cm
(14行)
24cm
(44针)
加6针
6行平坦
6-1-6
袖片
10号棒针
下针
花样A
17cm
(42行)
3cm
(12行)
16cm(32针)
口袋
10号棒针
花样A
下针
4行
12行
10cm(21针)
领片
10号棒针
花样A
6cm
(24行)
74针
花样A
2
1
1 1
符号说明
上针
下针
2-1-3 行-针-次
编织方向

【成品规格】衣长37cm，衣宽35cm，肩宽28cm，袖长28cm
【编织密度】20针×30行=10cm^2
【工　　具】12号棒针，12号环形针
【材　　料】绒线600g

【编织要点】

前片/后片/帽片制作说明

1. 棒针编织法，袖窿以下一片编织而成，袖窿以上分成左前片、右前片、后片编织，然后连接编织帽子。

2. 起针，单罗纹起针法，起162针，来回编织，用12号棒针编织。前后身片编织双罗纹12行。

3. 第13行分针数编织花样，方法是从织片右边起，26针编织花样A，40针编织花样B，30针编织花样C，40针编织花样B，26针编织花样A，袖窿以下不加减针编织23cm，70行。

4. 袖窿以上分成左前片、后片、右前片编织，左前片和右前片各40针，后片82针，先编织后片，两边平收4针，两边均留出2针编织下针做径，两边都在第3针同时减针，方法顺序为4-1-3，2-1-18，两边各减21针，剩余针数为32针，织至40cm，120行时收针断线。

5.编织右前片，腋下平收4针，袖窿处2针编织下针，减针在第3针进行，方法顺序为2-1-24，24针，剩余针数为12针，织至40cm，120行时收针断线。对称编织左前片。

6. 身片和袖片缝合后进行帽片的编织。沿前后身片、袖片的领窝边对应挑出80针，来回编织花样B，织到62行高度时，将帽子从中间分成两半，从中心向两边减针，每织2行减1针，减4次，将帽子织成70行的高度，将两边对称缝合。帽子完成。

衣襟制作说明

编织衣襟，前衣襟边与帽檐边一起编织，在前后身片与袖片缝合后进行编织，棒针编织法，往返编织。使用12号环形针编织，分别沿着左右前片衣襟边及帽檐挑针。每边挑144针，左右衣襟及帽檐共挑出288针，编织双罗纹针法，在右前片衣襟编织到第5行时，按图示每间隔22针开纽扣孔，共开4个，衣襟边共编织8行，单罗纹收针。

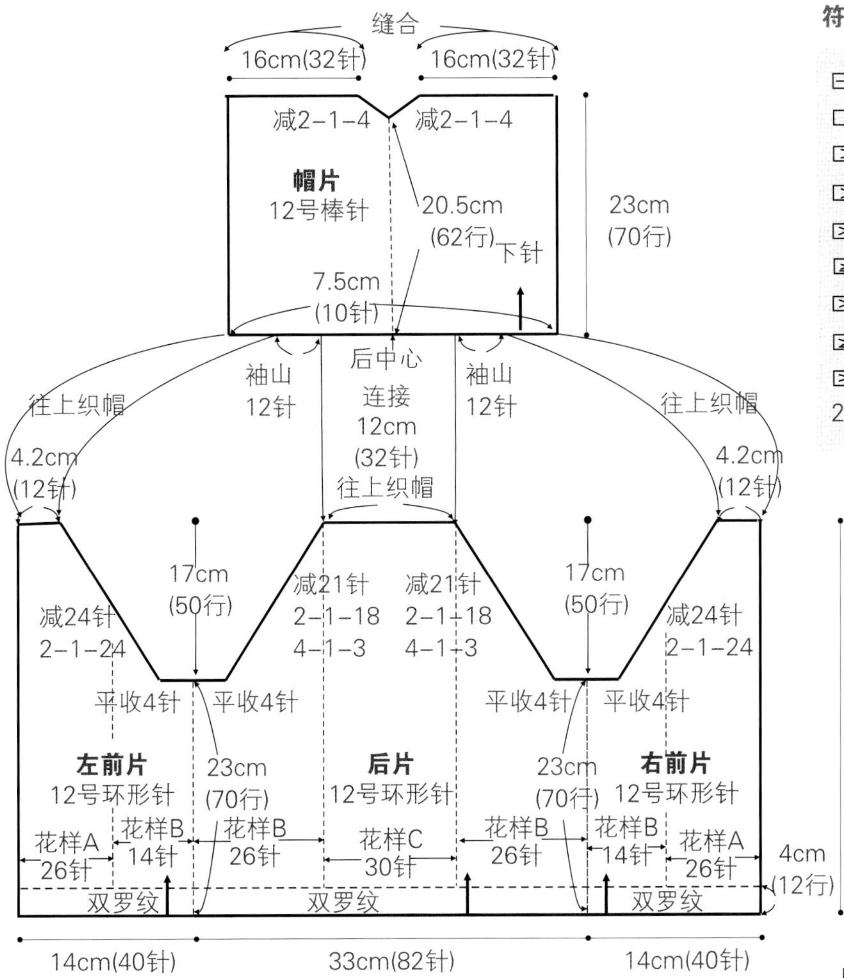

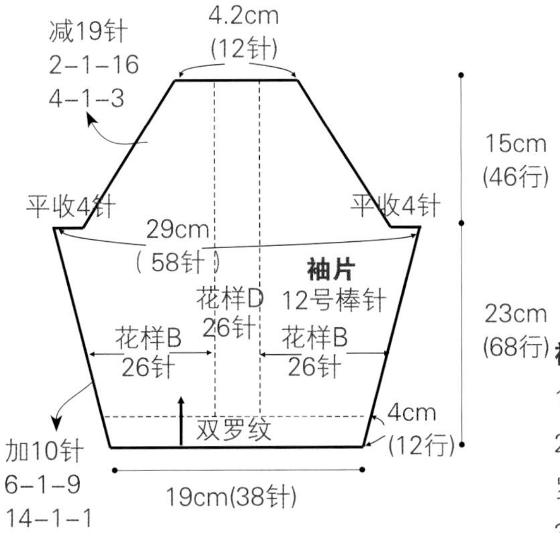

符号说明

⊟	上针
□=⊡	下针
[illegible]	3针相交叉，左3针在上
[illegible]	2针相交叉，左2针在上
[illegible]	左上1针交叉
[illegible]	2下针和1上针的右上交叉
[illegible]	2下针和1上针的左上交叉
[illegible]	3下针和1上针的右上交叉
[illegible]	3下针和1上针的左上交叉
2-1-3	行-针-次

缝合 16cm(32针) 16cm(32针) 减2-1-4 减2-1-4 帽片 12号棒针 20.5cm (62行) 下针 23cm (70行) 7.5cm (10针)

后中心 袖山 12针 袖山 12针 往上织帽 往上织帽 连接 12cm (32针) 往上织帽 4.2cm (12针) 4.2cm (12针)

17cm (50行) 减24针 2-1-24 减21针 2-1-18 4-1-3 减21针 2-1-18 4-1-3 17cm (50行) 减24针 2-1-24 平收4针 平收4针 平收4针 平收4针

左前片 12号环形针 23cm (70行) 后片 12号环形针 23cm (70行) 右前片 12号环形针 40cm (120行)

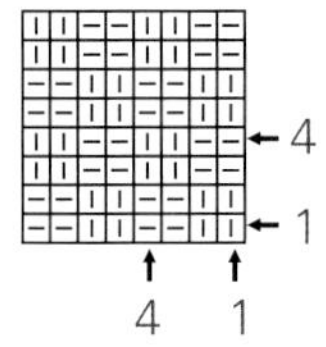

花样A 26针 花样B 14针 花样B 26针 花样C 30针 花样B 26针 花样B 14针 花样A 26针 4cm (12行) 双罗纹 双罗纹 双罗纹

14cm(40针) 33cm(82针) 14cm(40针)

花样D 6 1 10 1

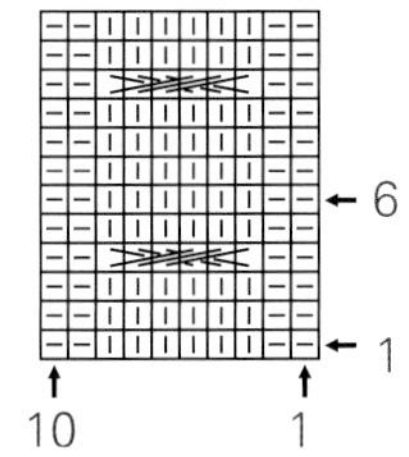

花样B 4 1 4 1

花样A 20 10 1 26 20 10 1

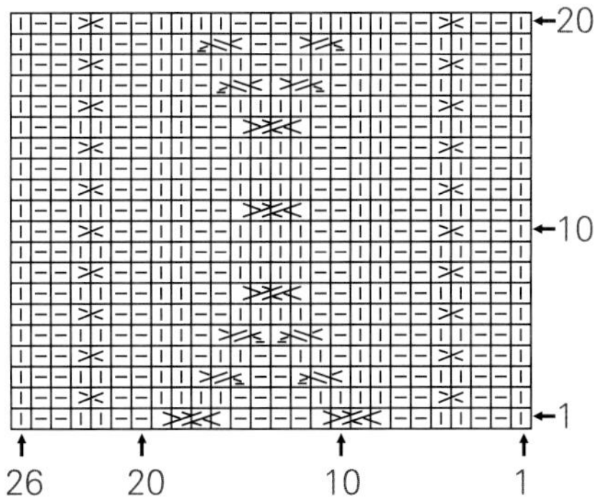

11cm (22针) 11cm (22针) 11cm (22针) 2cm (4针) 3cm (8行)

减19针 2-1-16 4-1-3 4.2cm (12针) 15cm (46行) 平收4针 平收4针 29cm (58针) 袖片 12号棒针 花样D 26针 花样B 26针 花样B 26针 23cm (68行) 4cm (12行) 双罗纹 加10针 6-1-9 14-1-1 19cm(38针)

花样C 20 10 1 30 20 10 1

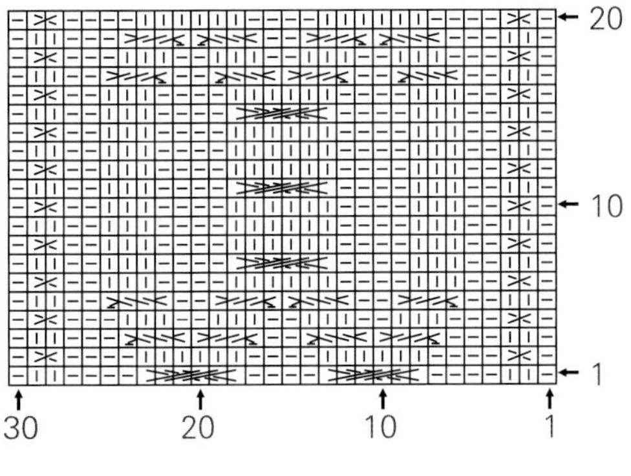

袖片制作说明

1. 袖片分两片编织，从袖口起织。至插肩领口。
2. 用12号棒针起织，单罗纹起针法，起38针。编织双罗纹4cm，12行。
3. 第13行开始分针数编织花样，方法是从织片右边起26针编织花样B，10针编织花样D，26针编织花样B，不加减针织13行，第14行开始两侧同时加针，加针方法为每6行加1针，共加10次。针数加至58针。
4. 编织至27cm，80行高度时，开始袖山编织。两端各平收针4针，然后进入减针编织，减针方法：4-1-3，2-1-16，两边各减掉19针，余下12针，收针断线 。
5. 以相同的方法，再编织另一只袖片。
6. 缝合，将袖片的袖山边与衣身的斜插肩边对应缝合。再缝合袖片的侧缝。

别致圆领小开衫

60

【成品规格】衣长40cm，胸宽32cm，肩宽23.5cm，袖长31cm

【编织密度】30针×40行=10cm²

【工　　具】13号棒针

【材　　料】蓝色棉线400g

【编织要点】

前片/后片/帽片制作说明

1. 棒针编织法，袖窿以下一片编织，袖窿起分为左前片、右前片，后片来编织。

2. 起织，下针起针法，起198针织花样A，织10行后，改织花样B，织至94行，第95行起，将织片分成左前片、右片和右前片，左前片取26针，后片取96针，右前片取76针编织。

3. 起织后片，织花样B，起织时两侧袖窿减针，方法为1-4-1，2-1-6，织至157行，中间留起34针不织，两侧减针，方法为2-1-2，织至160行，两侧肩部各余下16针，收针断线。

4. 起织左前片，左侧衣身20针织花样B，右侧衣襟织6针花样A，起织时左侧袖窿减针，方法为1-4-1，2-1-6，织至160行，肩部余下16针，收针断线。

5. 起织右前片，右侧衣身70针织花样B，左侧衣襟织6针花样A，起织时右侧袖窿减针，方法为1-4-1，2-1-6，织至140行，第141行起，将织片第29针至42针留起不织，两侧减针织成前领，方法为2-2-4，2-1-4，织至160行，右侧肩部余下16针，左侧余下6针，收针断线。

6. 将左右前片与后片的两肩部对应缝合。

前片/后片/帽片制作说明

1. 棒针编织法，编织两片袖片。从袖口起织。

2. 下针起针法，起54针，织花样A，织10行后，改织花样B，两侧一边织一边加针，方法为6-1-13，两侧的针数各增加13针，织至96行。接着减针编织袖山，两侧同时减针，方法为1-4-1，2-2-14，两侧各减少32针，织至124行，织片余下16针，收针断线。

3. 同样的方法再编织另一袖片。

4. 缝合方法：将袖山对应前片与后片的袖窿线，用线缝合，再将两袖侧缝对应缝合。

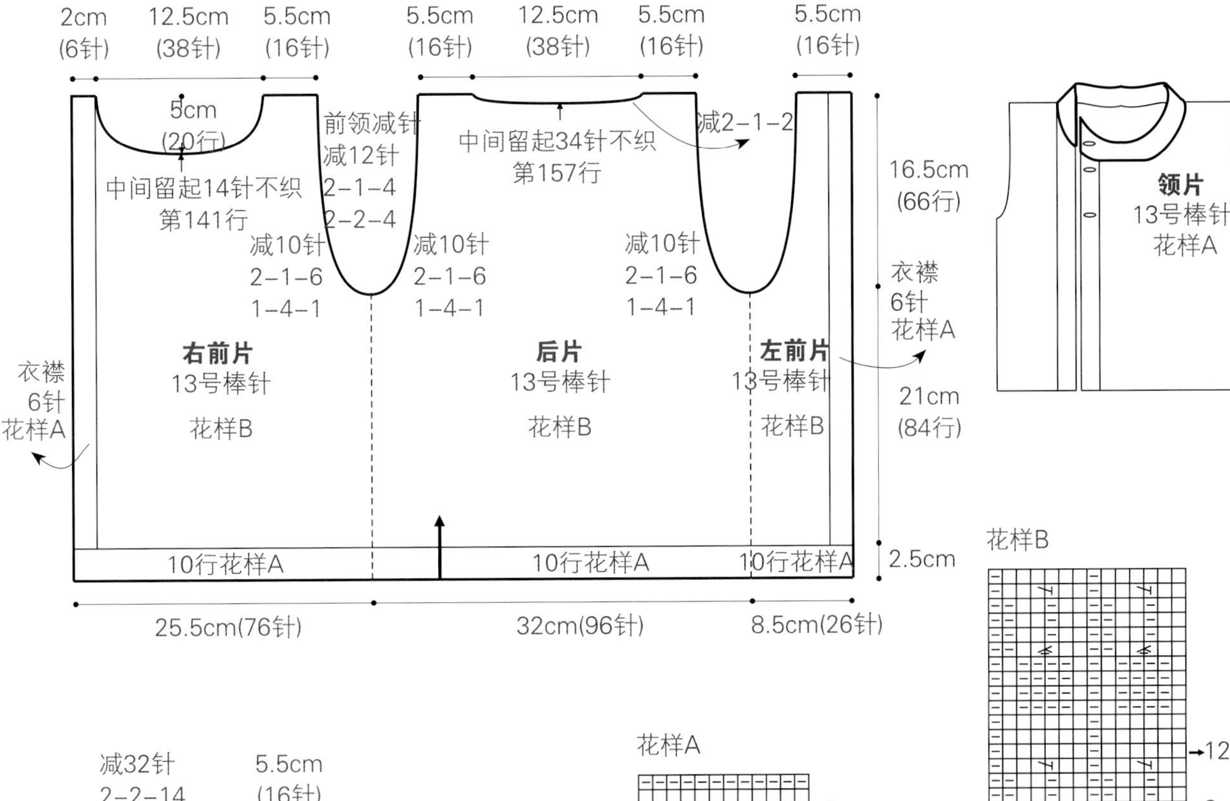

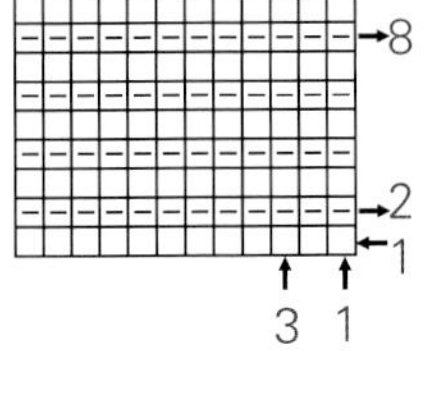

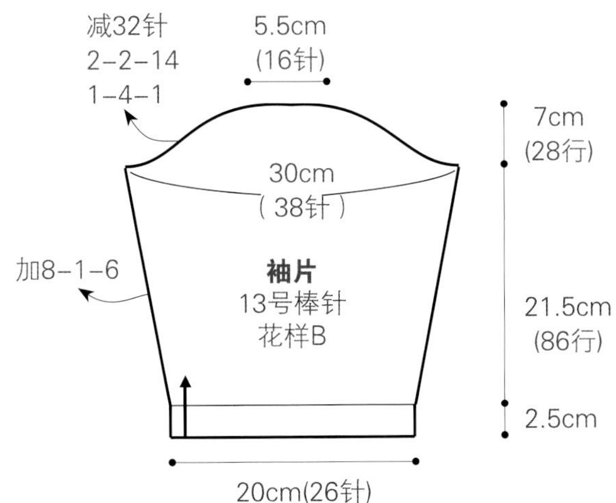

领片制作说明

1. 棒针编织法，一片编织完成。
2. 沿领口挑针起织，挑起82针织花样A，织10行后，下针收针法，收针断线。注意衣领接口位置留一个扣眼。

符号说明

符号	说明
⊟	上针
□=⎕	下针
左加针符号	左加针
左上2针并1针符号	左上2针并1针(上针时)
2-1-3	行-针-次

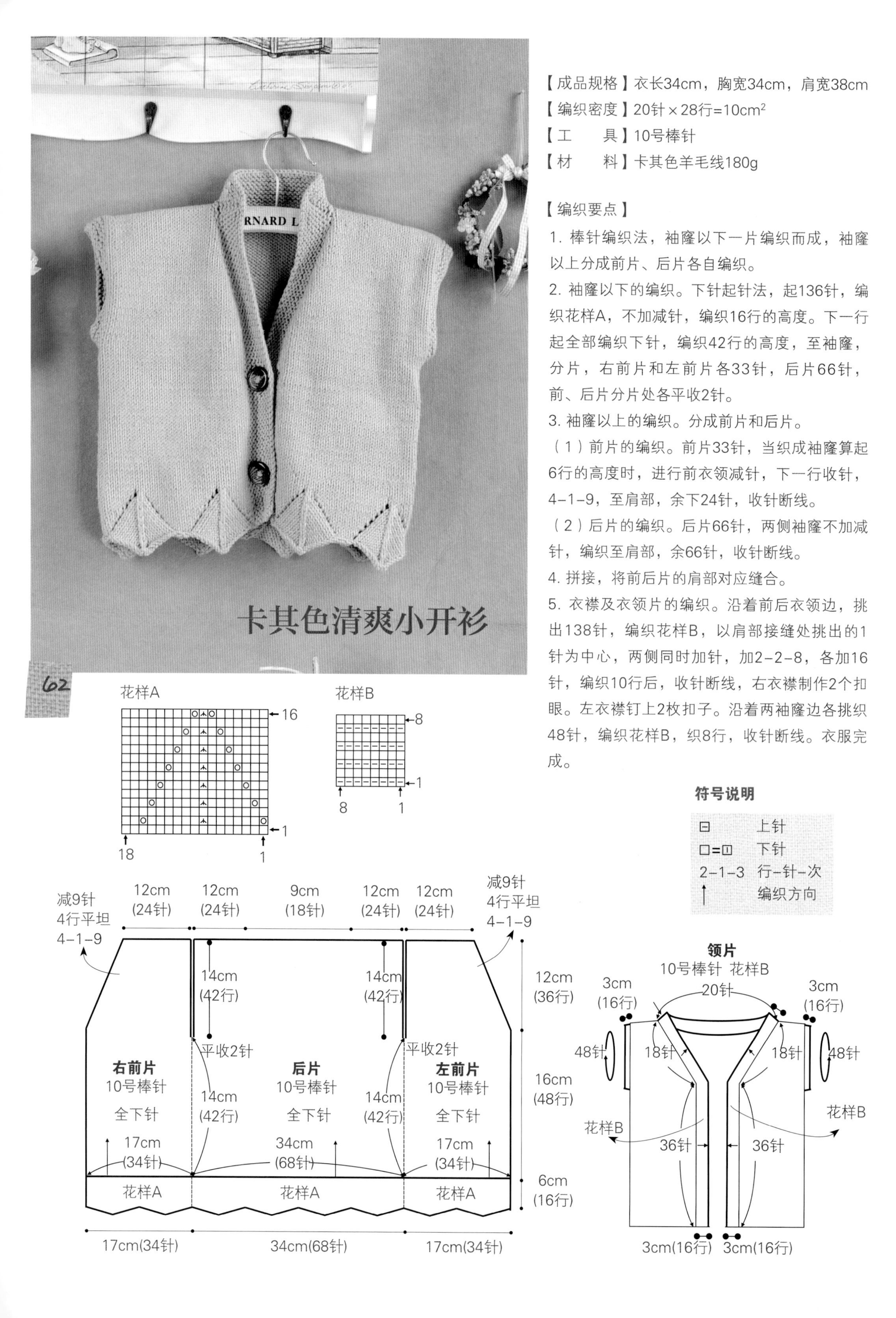

卡其色清爽小开衫

【成品规格】衣长34cm，胸宽34cm，肩宽38cm

【编织密度】20针×28行=10cm²

【工　　具】10号棒针

【材　　料】卡其色羊毛线180g

【编织要点】

1. 棒针编织法，袖窿以下一片编织而成，袖窿以上分成前片、后片各自编织。

2. 袖窿以下的编织。下针起针法，起136针，编织花样A，不加减针，编织16行的高度。下一行起全部编织下针，编织42行的高度，至袖窿，分片，右前片和左前片各33针，后片66针，前、后片分片处各平收2针。

3. 袖窿以上的编织。分成前片和后片。

（1）前片的编织。前片33针，当织成袖窿算起6行的高度时，进行前衣领减针，下一行收针，4-1-9，至肩部，余下24针，收针断线。

（2）后片的编织。后片66针，两侧袖窿不加减针，编织至肩部，余66针，收针断线。

4. 拼接，将前后片的肩部对应缝合。

5. 衣襟及衣领片的编织。沿着前后衣领边，挑出138针，编织花样B，以肩部接缝处挑出的1针为中心，两侧同时加针，加2-2-8，各加16针，编织10行后，收针断线，右衣襟制作2个扣眼。左衣襟钉上2枚扣子。沿着两袖窿边各挑织48针，编织花样B，织8行，收针断线。衣服完成。

翻领无袖小背心

【成品规格】衣长34cm，胸宽27cm，肩宽22cm

【编织密度】38.7针×41.6行=10cm²

【工　　具】10号棒针

【材　　料】米色丝光棉线400g，白色线少许

【编织要点】

1. 棒针编织法，由前片1片、后片1片、袖片2片、领片1片组成。从下往上织起。

2. 前片的编织。一片织成。双罗纹起针法，起89针，起织花样A，编织24行后，将上针2针并1针共收22针，余67针开始编织衣身，其中中间留35针编织花样B，两边各余16针编织下针，不加减针，织成54行，至袖窿。两侧袖窿减针，平收5针，4-2-2，6-2-2，2-2-1，共编织38行至肩部，余下37针，收针断线。

3. 后片的编织与前片的编织方法相同。

4. 拼接，将前片的侧缝与后片的侧缝和肩部对应缝合。

5. 袖边的编织。沿着前后片的袖山边挑出80针，编织花样A，编织8行后，收针断线，同样的方法，相反的方向去编织另一个袖边。

6. 领子的编织。沿着前后领边各挑出90针，共180针，编织下针，编织30行后，收针断线，衣服完成。

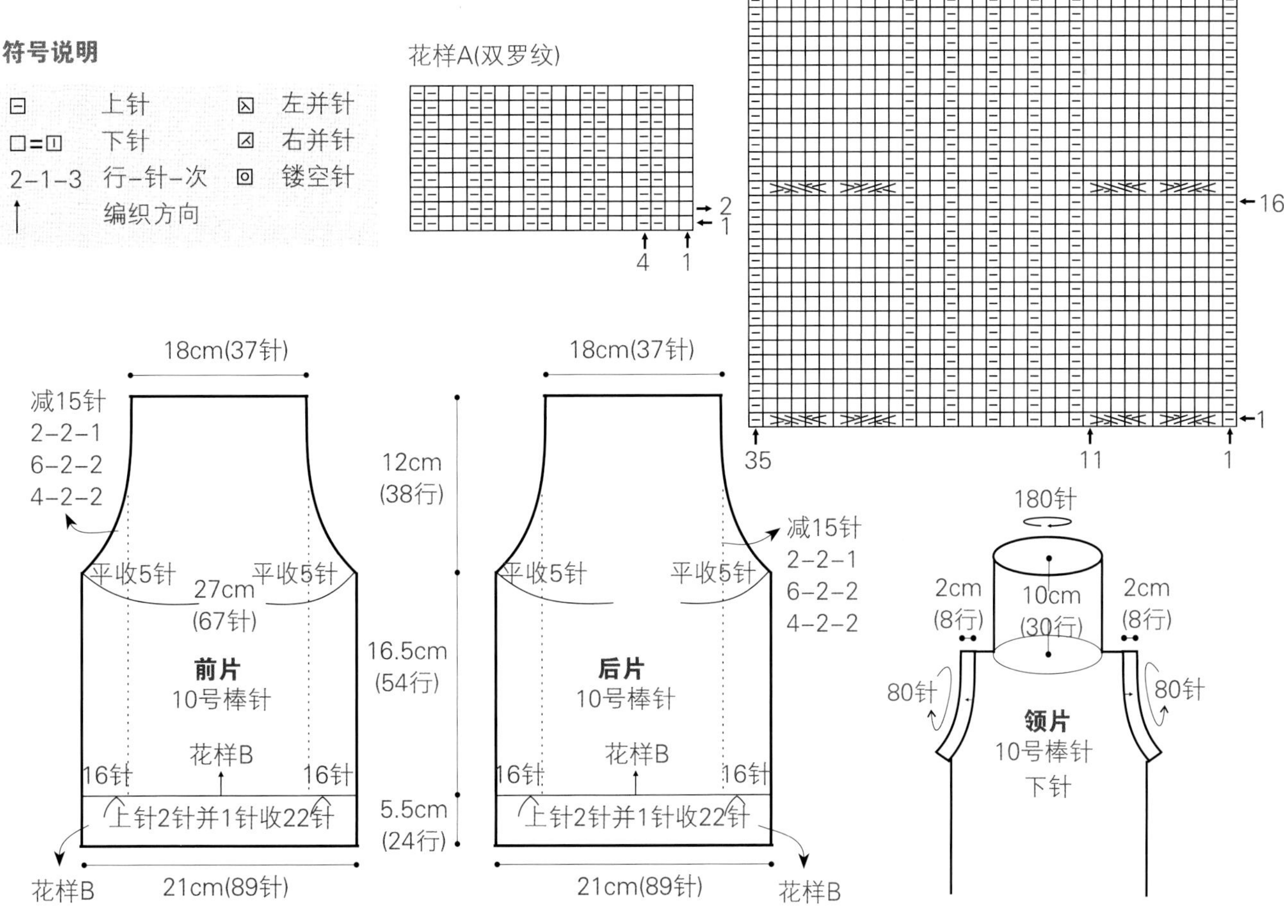

【成品规格】衣长50cm，胸宽25cm，肩宽38cm

【编织密度】14针×18行=10cm^2

【工　　具】10号棒针

【材　　料】粉白色毛线340g

【编织要点】

1. 棒针编织法，袖窿以下一片圈织而成，袖窿以上分成前片、后片各自编织。

2. 袖窿以下的编织。双罗纹起针法，起108针，编织花样A，织14行。下一行起，编织下针，前片58针，中心32针位置编织花样B，后片50针，全织下针，各减5针。织44行，进行前衣领减针，平收前片中心18针，两侧反方向减针，减4-1-7，减7针，然后不加减针再织4行至肩部，下针编织50行的高度。至袖窿。两袖窿平分，开始前、后片编织。

3. 袖窿以上的编织。分成前片和后片。

（1）前片的编织。前片分左右两片编织。袖窿分开后，不加减针分别编织至肩部，肩部余14针。

（2）后片的编织。后片50针，两侧袖窿分开后，不加减针织至肩部，收针断线。

4. 拼接，两侧缝减针，减8-1-5将前后片的肩部对应缝合。

5. 衣领片及袖窿边的编织。沿着前领两侧及后衣领边，挑出86针，编织花样A，以肩部接缝处挑出的2针和后领中心2针为中心，两侧同时加针，加8-4-2，各加8针，然后不加减再织6行，编织24行后，收针断线，将领片边重叠，沿衣领边平收针处开始，将领片与衣领边缝合。袖窿边的编织，沿袖窿挑出66针，编织花样A，织6行，收针断线。衣服完成。

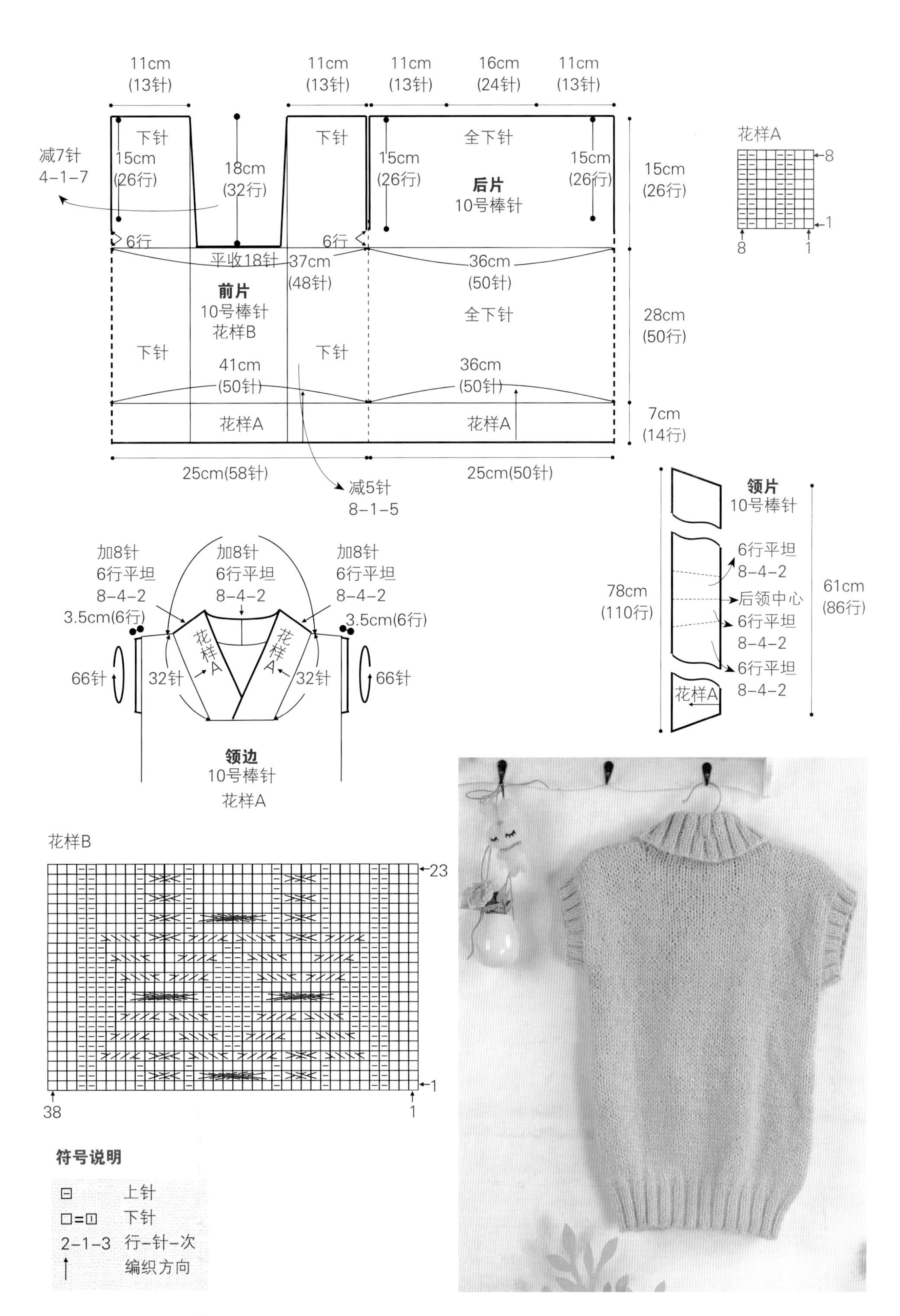
11cm
(13针)
16cm
(24针)
下针
全下针
减7针
4-1-7
15cm
(26行)
18cm
(32行)
后片
10号棒针
6行
平收18针
37cm
(48针)
36cm
(50针)
前片
10号棒针
花样B
28cm
(50行)
41cm
(50针)
花样A
7cm
(14行)
25cm(58针)
25cm(50针)
减5针
8-1-5
花样A
加8针
6行平坦
8-4-2
3.5cm(6行)
66针
32针
领边
10号棒针
花样A
领片
10号棒针
78cm
(110行)
后领中心
61cm
(86行)
花样B
23
38
1
符号说明
上针
下针
2-1-3 行-针-次
编织方向

【成品规格】衣长49.5cm，半胸围32cm，肩宽22cm，袖长14.5cm

【编织密度】30针×40行=10cm²

【工　　具】12号棒针

【材　　料】蓝色棉线400g

【编织要点】

1. 棒针编织法，袖窿以下圈织而成，袖窿以上分成前片、后片各自编织。

2. 袖窿以下的编织。

（1）内层裙片的编织。单罗纹针起针法，起280针，编织花样A，织4行，第5行起编织下针，不加减针织22行，第23行连续2并1针减针，减140针，收针；外层裙片的编织，同样方法编外层裙片，第15行时2并1针减针，减140针。将内外两层裙片合并为双层，开始身片编织。

（2）身片的编织。身片140针，编织下针，织54行，然后将针数分片，前片70针，后片70针，开始袖窿减针。

3. 袖窿以上的编织。分成前片和后片。

（1）前片的编织。袖窿减针，两侧同时减针，平收4针，减2-1-5，减9针，织成袖窿算起16行，进行前衣领减针，平收20针，减2-1-8，再不加减针织16行。

（2）后片的编织。后片两侧袖窿同时减针，平收4针，减2-1-5，减9针，织成袖窿算起44行的高度时，进行后衣领减针，两侧反方向减2-1-2，各减2针，至肩部，收针断线。

4. 袖片的编织。从袖口起织，单罗纹针起针法，起48针，织花样A，织4行，第5行起编织下针，织6行，至袖山减针，两侧同时收针，收4针，然后减2-1-16，两边各减少20针，余下20针，收针断线，相同的方法再编织另一边袖片。

5. 拼接，将前后片的肩部对应缝合后再与袖片缝合。

6. 领边的编织。沿着衣领边挑出106针，编织下针，织8行后，从起针处挑针并针编织，变成双层衣边。收针断线。衣服完成。

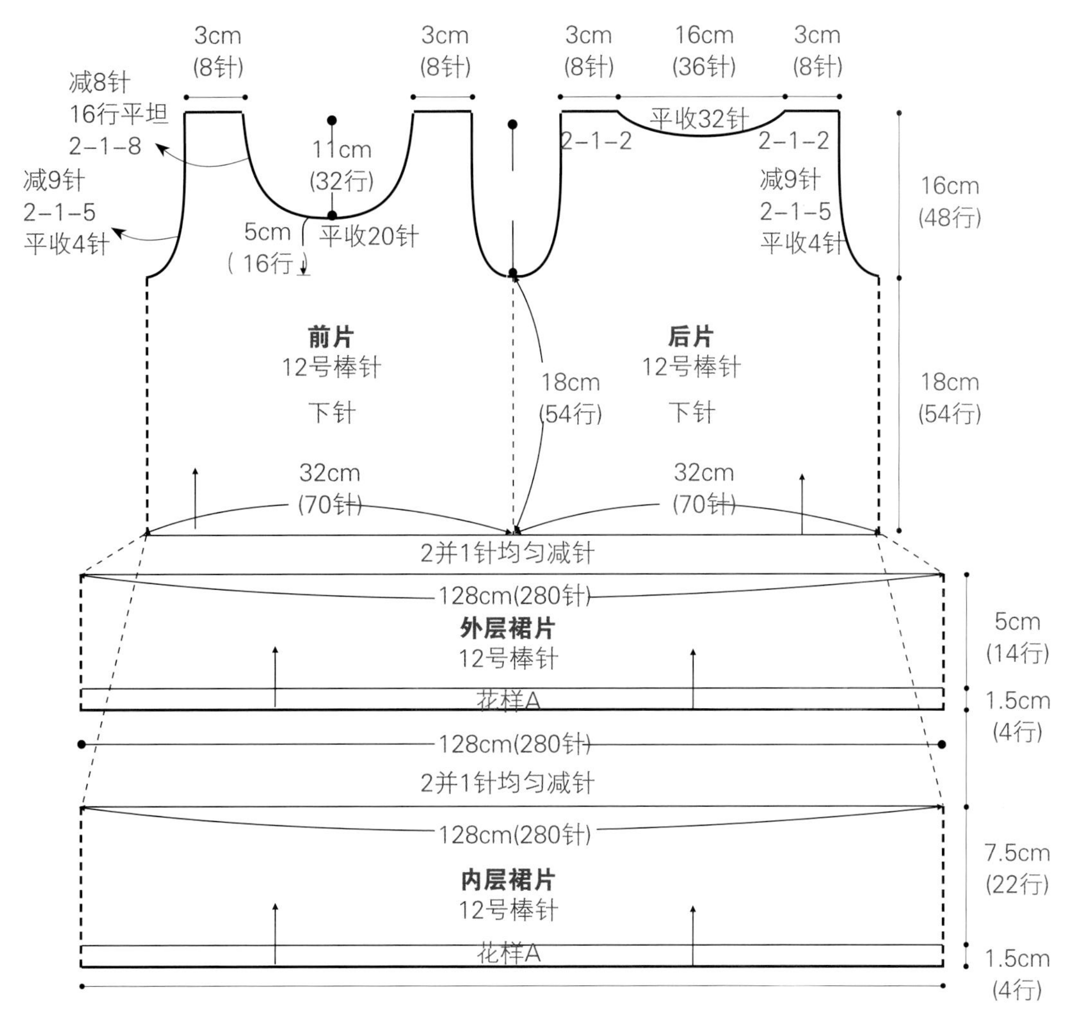

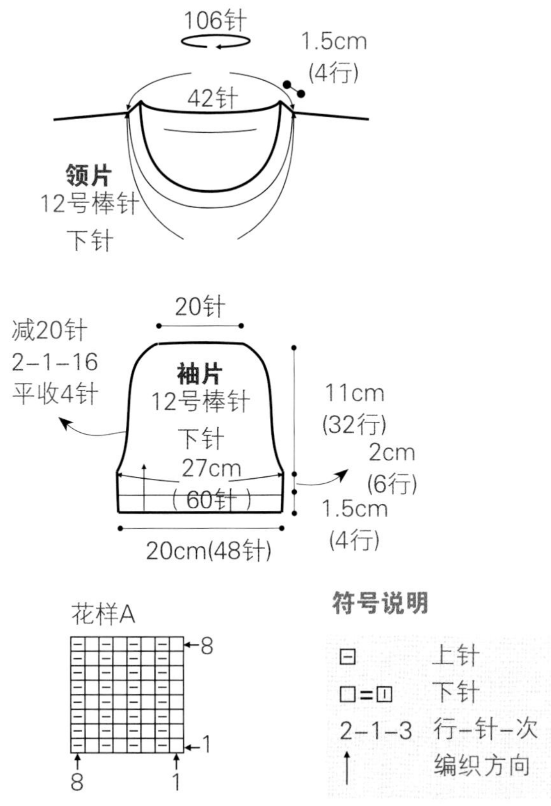

符号说明

符号	说明
⊟	上针
□=⊡	下针
2-1-3	行-针-次
↑	编织方向

【成品规格】衣长47cm，半胸围36cm，肩连袖长47cm
【编织密度】30针×38行=10cm^2
【工　　具】13号棒针
【材　　料】橄榄绿色棉线共350g，白色棉线100g

【编织要点】

前片/后片制作说明

1. 棒针编织法，衣身片分为前片和后片，分别编织，完成后与袖片缝合而成。
2. 起织后片，绿色线起织，起108针，起织花样A，织18行，从第19行起，改织花样B，织至88行，第89行开始编织图案a，织至第114行，织片左右两侧各收6针，然后减针织成插肩袖窿，方法为2-1-32，织至178行，织片余下32针，用防解别针扣起，留待编织衣领。
3. 起织前片，绿色线起织，起108针，起织花样A，织18行，从第19行起，改织花样B，织至88行，第89行开始编织图案A，织至第114行，织片左右两侧各收6针，然后减针织成插肩袖窿，方法为2-1-32，织至171行，中间留起14针不织，两侧减针织成前领，方法为2-2-4，织至178行，两侧各余下1针，用防解别针扣起，留待编织衣领。
4. 将前片与后片的侧缝缝合，前片及后片的插肩缝对应袖片的插肩缝缝合。在前片白色线部分用十字绣的方法绣上图案B。

袖片制作说明

1. 棒针编织法，编织两片袖片。从袖口起织。
2. 双罗纹针起针法，绿色线起60针，织花样A，织18行后，第19行起，改织花样B，一边织一边两侧加针，方法为6-1-19，织至100行，第101行开始编织图案a，织至132行，织片变成98针，第133行将袖片两侧各收针6针，接着两侧减针编织插肩袖山。方法为2-1-32，织至190行，织片余下22针，收针断线。
3. 同样的方法，相反方向再编织另一袖片。
4. 将两袖侧缝对应缝合。

领片制作说明

1. 棒针编织法，一片环形编织完成。
2. 挑织衣领，沿前后领口挑起108针，绿色线编织花样A，织54行后，收针断线。

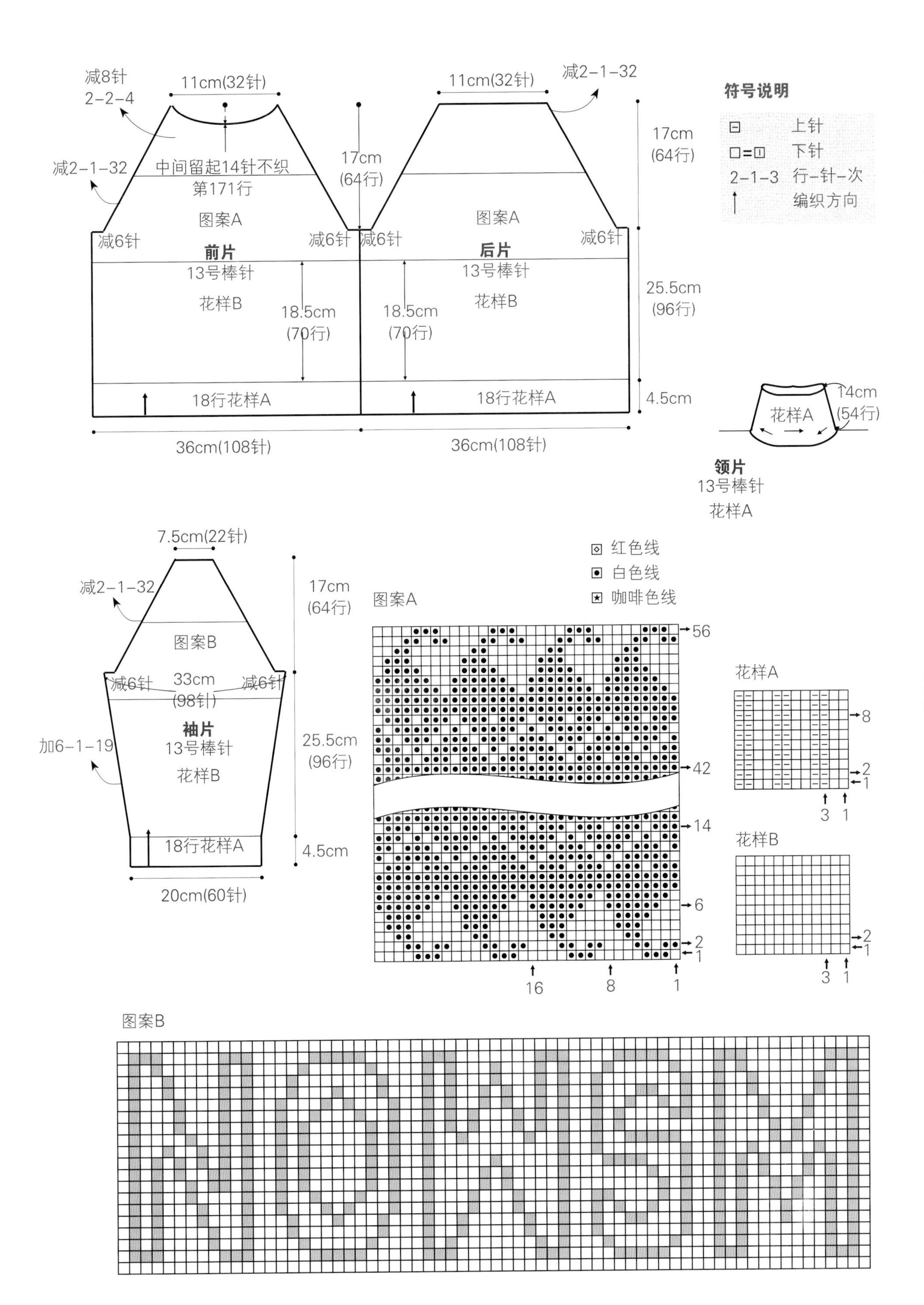

减8针
2-2-4
11cm(32针)
减2-1-32
中间留起14针不织
第171行
图案A
减6针
前片
13号棒针
花样B
18.5cm
(70行)
18行花样A
36cm(108针)
17cm
(64行)
11cm(32针)
减2-1-32
图案A
减6针
后片
13号棒针
花样B
18.5cm
(70行)
18行花样A
36cm(108针)
17cm
(64行)
25.5cm
(96行)
4.5cm
符号说明
上针
下针
2-1-3 行-针-次
编织方向
花样A
14cm
(54行)
领片
13号棒针
花样A
7.5cm(22针)
减2-1-32
17cm
(64行)
图案B
减6针
33cm
(98针)
袖片
13号棒针
花样B
加6-1-19
25.5cm
(96行)
18行花样A
4.5cm
20cm(60针)
红色线
白色线
咖啡色线
图案A
56
42
14
6
2
1
16
8
1
花样A
8
2
1
3
1
花样B
2
1
3
1
图案B

雪花圆领套头衫

【成品规格】衣长42cm，半胸围33cm，肩宽33.5cm，袖长34cm

【编织密度】24针×34行=10cm²

【工　　具】11号棒针

【材　　料】乳白色棉线400g

【编织要点】

前片/后片制作说明

1. 棒针编织法，衣身分为前片和后片分别编织。从中心往四周环形编织。

2. 起织后片，下针起针法8针，分成4组编织花样A，织56行后，织片成正方形，将左右两侧收针，上侧编织花样B，织至68行，第69行将中间平收38针，两侧减针织成后领，方法为2-1-2，织至72行，两侧肩部各余下19针，收针断线。织片下侧挑起编织花样C，织18行后，单罗纹针收针法，收针断线。

3. 前片的编织方法与后片相同，织至60行，第61行将中间平收18针，两侧减针织成前领，方法为2-2-6，织至72行，两侧肩部各余下19针，收针断线。下摆编织方法与后片相同。

4. 将前片与后片的两肩部缝合，两侧缝缝合后留起15cm高的袖窿。

袖片制作说明

1. 棒针编织法，编织两片袖片。从袖口往上编织。

2. 单罗纹针起针法，起48针织花样C，织18行后改织花样D，两侧按8-1-12的方法加针，织至116行，织片变成72针收针断线。

3. 同样的方法再编织另一袖片。

4. 缝合方法：将袖山对应前片与后片的袖窿线，用线缝合，再将两袖侧缝对应缝合。

领片制作说明

1. 棒针编织法，沿前后领口挑起92针织花样C，织18行后，单罗纹针收针法，收针断线。

2. 同样的方法再编织另一袖片。

3. 缝合方法：将袖山对应前片与后片的袖窿线，用线缝合，再将两袖侧缝对应缝合。

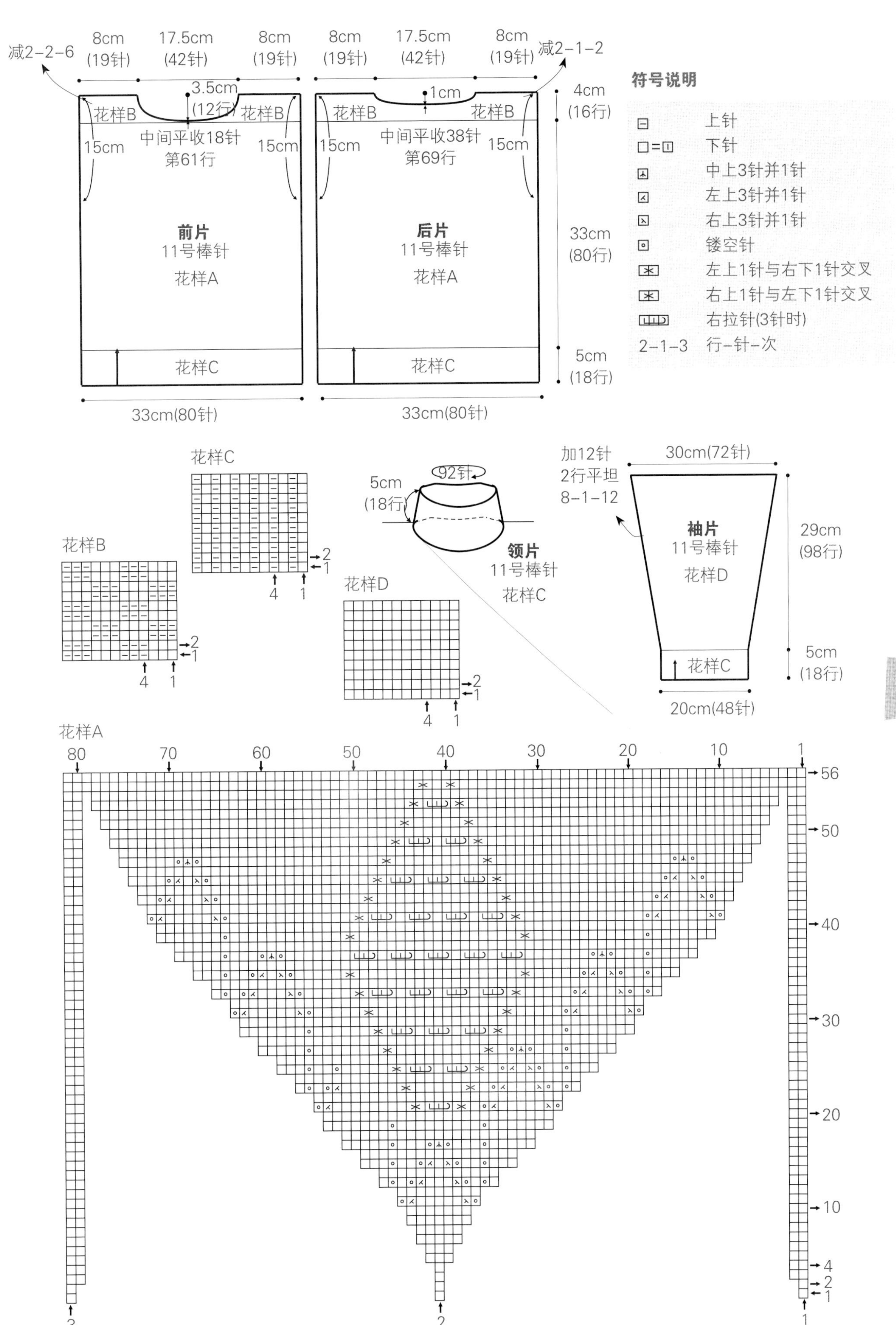

减2-2-6
8cm
(19针)
17.5cm
(42针)
8cm
(19针)
3.5cm
(12行)
花样B
花样B
15cm
中间平收18针
第61行
15cm
前片
11号棒针
花样A
花样C
33cm(80针)
8cm
(19针)
17.5cm
(42针)
8cm
(19针)
减2-1-2
1cm
花样B
花样B
15cm
中间平收38针
第69行
15cm
后片
11号棒针
花样A
花样C
33cm(80针)
4cm
(16行)
33cm
(80行)
5cm
(18行)
符号说明
上针
下针
中上3针并1针
左上3针并1针
右上3针并1针
镂空针
左上1针与右下1针交叉
右上1针与左下1针交叉
右拉针(3针时)
2-1-3 行-针-次
花样C
花样B
5cm
(18行)
92针
领片
11号棒针
花样C
花样D
加12针
2行平坦
8-1-12
30cm(72针)
袖片
11号棒针
花样D
花样C
29cm
(98行)
5cm
(18行)
20cm(48针)
花样A

英姿飒爽毛线大衣

【成品规格】衣长58cm，胸宽26cm，肩宽21cm

【编织密度】24.5针×58行=10cm^2

【工　　具】10号棒针

【材　　料】深灰色丝光棉线400g

【编织要点】

1. 棒针编织法，由前片2片、后片1片、袖片2片、领片1片组成。从下往上织起。

2. 前片的编织。由右前片和左前片组成，以右前片为例。

（1）起针，双罗纹起针法，起30针，织14行的高度后，开始编织花样B，不加减针。编织56行至袖窿。左侧袖窿减针，4-2-2，4-1-1，6-1-2。同时右侧进行衣领减针，2-1-15，4行平坦，刚好至肩部，余下8针，收针断线。然后编织衣襟，在衣身右侧边挑出60针，编织花样A，编织7行时，间隔16针留出4个扣眼，接着再编织7行，共14行，收针断线，衣襟完成。

（2）相同的方法，相反的方向去编织左前片。不同之处是衣襟不留扣眼，扣眼相应位置钉上纽扣即可。

3. 后片的编织。起针，双罗纹起针法，起70针，织14行的高度后，开始编织花样B，不加减针。编织56行至袖窿。左侧袖窿减针，4-2-2，4-1-1，6-1-2。编织30行后，中间开始领边减针，两侧2-1-2，至肩部，收针断线。

4. 袖片的编织。起针，双罗纹起针法，起32针，织16行的高度后，开始编织花样B，两侧进行袖身加针，10-1-6，编织60行至袖窿。两侧袖窿减针，4-2-3，2-2-4，余下16针，收针断线。相同的方法去编织另一袖片。

5. 领片的编织。沿着前衣领边各挑出32针，后片挑出64针，共128针编织花样A，编织14行，左右两侧进行领边减针，2-2-16，编织32行至领顶。余64针，收针断线。

6. 拼接，将前后片的侧缝，肩部对应缝合；再将两袖片的袖山边线与衣身的袖窿边对应缝合。

7. 腰带的编织：起针17针，编织单罗纹针，编织64行。收针断线，衣服完成。

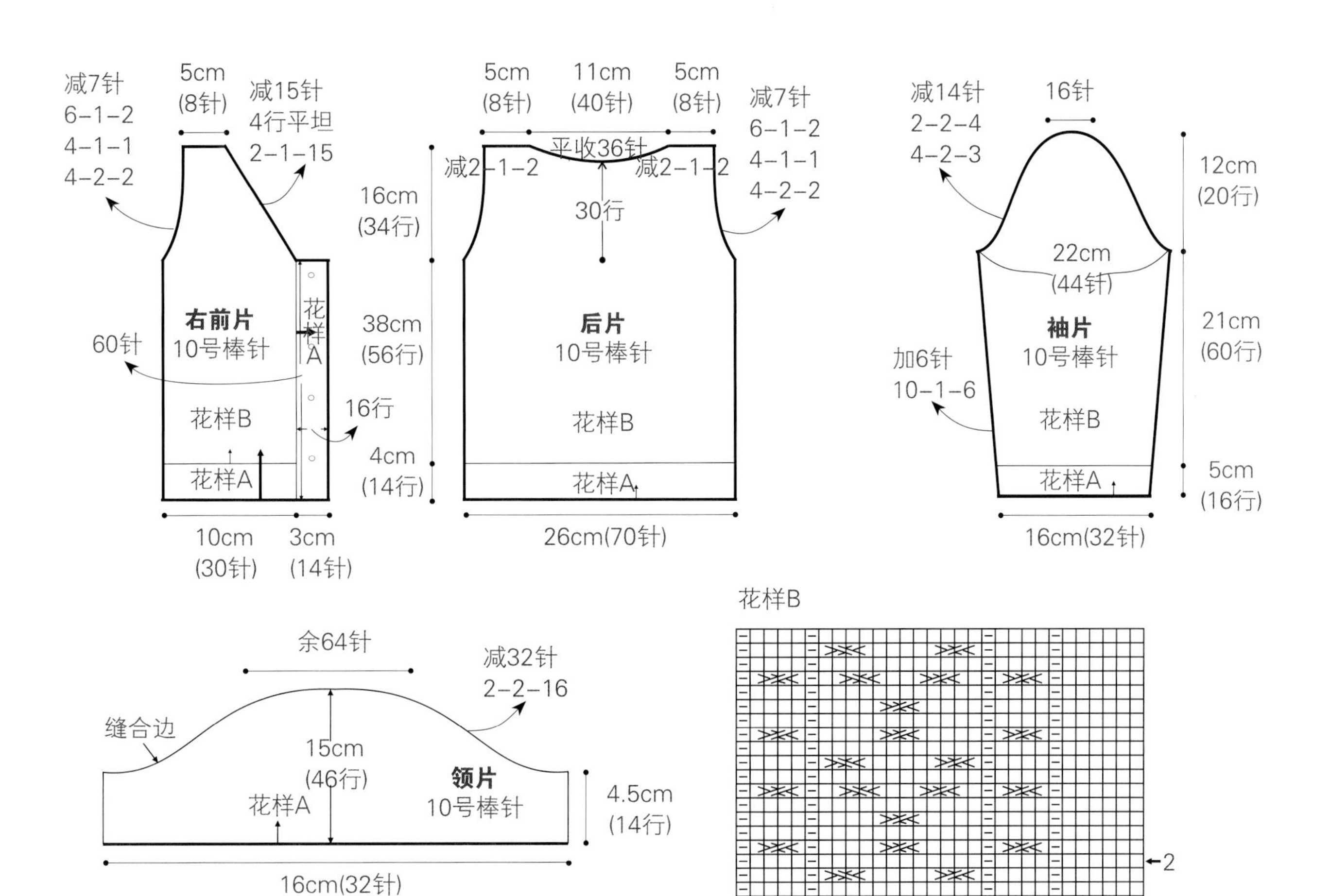

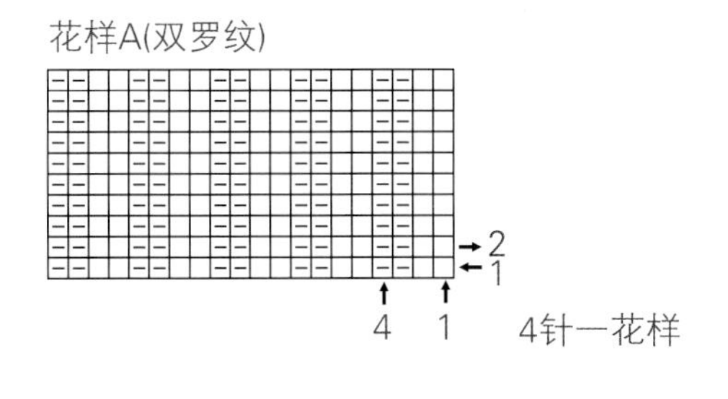

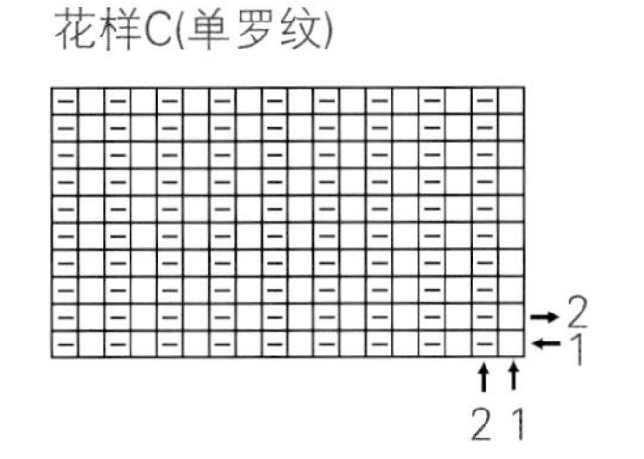

符号说明

⊟	上针	⧅	左并针
□=⊡	下针	⧄	右并针
2-1-3	行-针-次	⊚	镂空针
↑	编织方向		

温暖高领毛衣

【成品规格】衣长40cm，胸宽35cm，袖长42cm

【编织密度】24.5针×58行=10cm^2

【工　　具】12号棒针

【材　　料】深灰色丝光棉线400g

【编织要点】

前片/后片制作说明

1. 棒针编织法，衣服分为前片、后片分别编织完成。

2. 先织后片，起织，起88针起织，起织花样A，共织12行，第13行起将织片分配花样，由花样B、C与花样D间隔组成，见结构图所示，分配好花样针数后，重复花样往上编织，织至68行，两侧开始同时减针织成插肩，减针方法为1-4-1，4-2-3，减针时两侧7针花样B不变，在第8针及倒数第8针的位置减针，两侧各减30针，共织56行，余下28针，用防解别针扣住，暂时不织。

3. 前身片的编织方法与后身片相同。完成后将前后片的两侧缝对应缝合。

袖片制作说明

1. 棒针编织法，一片编织完成。

2. 起织，起48针，起织花样A，织12行，第13行将织片均匀加针至60针，并将织片分配花样，由花样E与花样C间隔组成，见结构图所示，先织22针花样E，再织2针上针，再织12针花样C，再织2针上针，22针花样E，分配好花样针数后，重复花样往上编织，一边织一边两侧加针，方法为6-1-10，共加20针，织至74行，从第75行起，两侧需要同时减针织成插肩，减针方法为1-4-1，4-2-13，两侧针数各减少30针，织至130行，余下20针，用防解别针扣住，留待编织衣领。

3. 同样的方法再编织另一袖片。

4. 缝合方法：将袖片的插肩缝对应前后片的插肩缝，用线缝合，再将两袖侧缝对应缝合。

领片制作说明

1. 棒针编织法，圈织。

2. 沿着前后衣领边挑针编织，织花样A，共织44行的高度，收针断线。

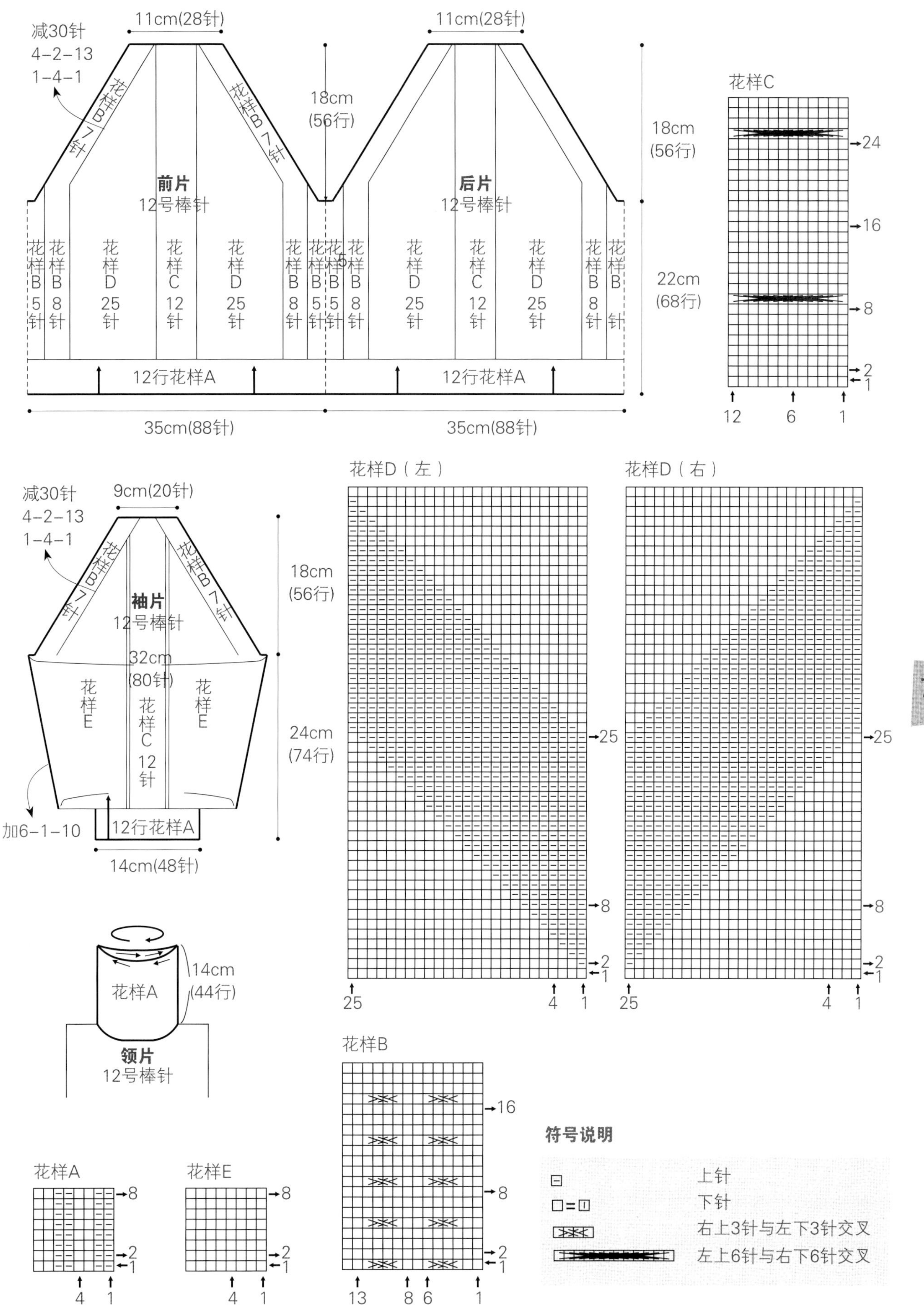

符号说明

符号	说明
⊟	上针
□=⊡	下针
(3×3交叉)	右上3针与左下3针交叉
(6×6交叉)	左上6针与右下6针交叉

保暖系麻花套头衫

【成品规格】衣长38cm，半胸围32cm，肩连袖长42cm

【编织密度】32针×42行=10cm^2

【工　　具】13号棒针

【材　　料】深卡其色棉线350g

【编织要点】

前片/后片制作说明

1. 棒针编织法，衣身片分为前片和后片，分别编织，完成后与袖片缝合而成。

2. 起织后片，起102针，起织花样A，织18行，从第19行起，改织花样B，织至102行，第103行织片左右两侧各收6针，然后减针织成插肩袖窿，方法为4-2-15，织至162行，织片余下30针，收针断线。

3. 起织前片，起102针，起织花样A，织18行，从第19行起，改为花样D与花样E组合编织，织至102行，第103行起改织花样F，织片左右两侧各收6针，然后减针织成插肩袖窿，方法为4-2-15，织至158行，织片中间留起20针不织，两侧减针织成前领，方法为2-2-2，织至162行，两侧各余下1针，收针断线。

4. 将前片与后片的侧缝缝合。

袖片制作说明

1. 棒针编织法，编织两片袖片。左袖片与右袖片，方法相同，从袖口起织。

2. 双罗纹针起针法，起58针，织花样A，织18行后，第19行起，改织花样C，两侧加针，方法为7-1-14，织至46行，改为花样C与花样B组合编织，织至116行，两侧各收针6针，然后减针织成插肩袖山，方法为4-2-15，织至176行，织片余下14针，收针断线。

3. 同样的方法编织另一袖片。

4. 将两袖侧缝对应缝合。再将插肩线对应衣身插肩缝合。

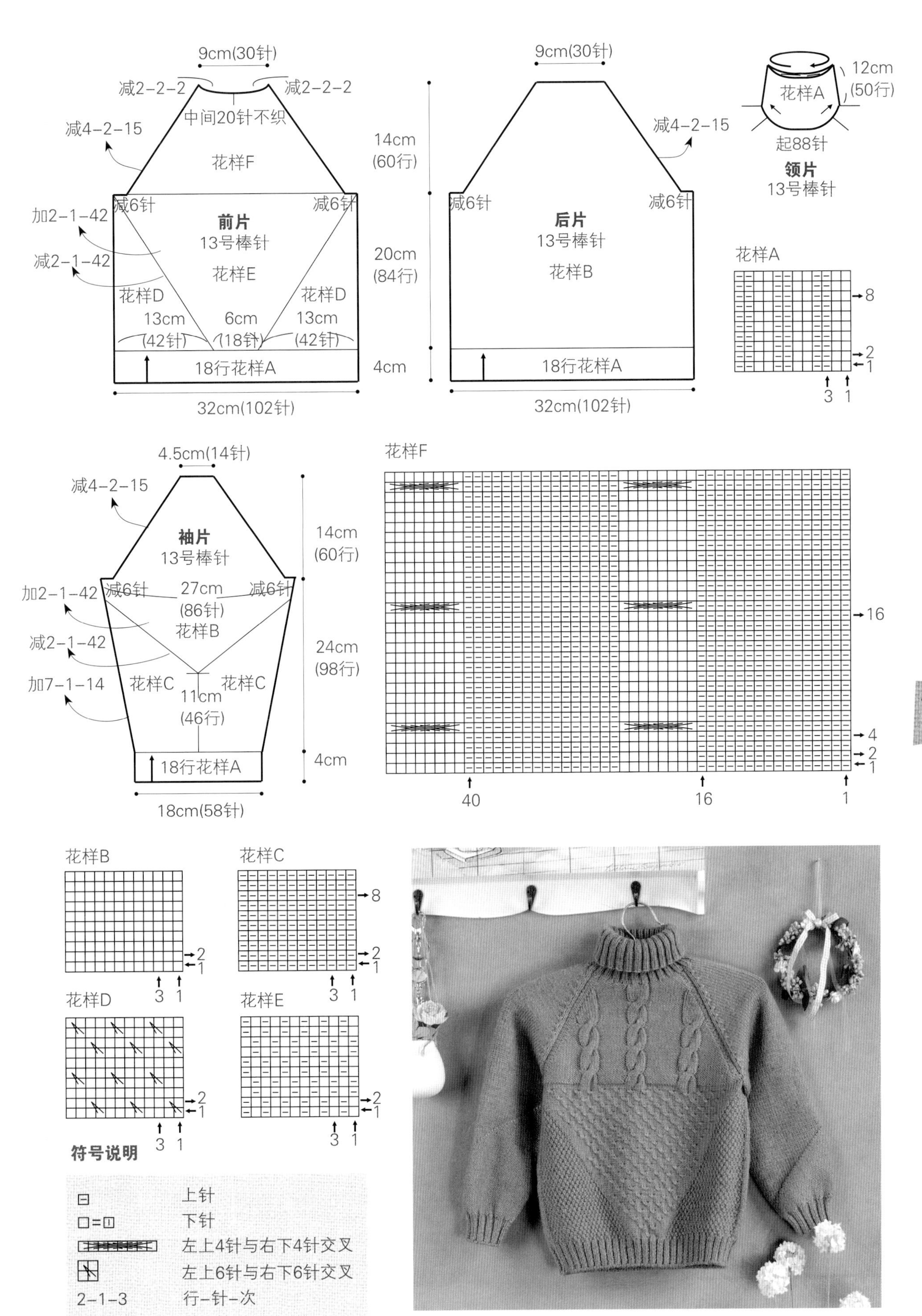
9cm(30针)
减2-2-2
减2-2-2
中间20针不织
减4-2-15
花样F
减6针
减6针
加2-1-42
前片
13号棒针
减2-1-42
花样E
花样D
花样D
13cm
(42针)
6cm
(18针)
13cm
(42针)
18行花样A
32cm(102针)
14cm
(60行)
20cm
(84行)
4cm
9cm(30针)
减4-2-15
减6针
减6针
后片
13号棒针
花样B
18行花样A
32cm(102针)
12cm
(50行)
花样A
起88针
领片
13号棒针
花样A
8
2
1
3
1
4.5cm(14针)
减4-2-15
袖片
13号棒针
14cm
(60行)
加2-1-42
减6针
27cm
(86针)
减6针
花样B
减2-1-42
24cm
(98行)
加7-1-14
花样C
花样C
11cm
(46行)
18行花样A
4cm
18cm(58针)
花样F
16
4
2
1
40
16
1
花样B
2
1
3
1
花样C
8
2
1
3
1
花样D
2
1
3
1
花样E
2
1
3
1
符号说明
上针
下针
左上4针与右下4针交叉
左上6针与右下6针交叉
2-1-3
行-针-次

【成品规格】衣长36cm，下摆宽31cm

【编织密度】34针×44行=10cm^2

【工　　具】10号棒针，钩针1支

【材　　料】浅灰色羊毛线400g，纽扣1枚，毛线装饰物1个

【编织要点】

1. 毛衣用棒针编织，由1片前片、1片后片、2片袖片组成，从下往上编织。

2. 先编织前片。

（1）用下针起针法，起106针织全下针，侧缝不用加减针，织100行至插肩袖窿。

（2）袖窿以上的编织。两边袖窿减33针，方法是每1行减5针减1次，每2行减1减5次，各减28针。

（3）从插肩袖窿算起织至60行时，开始开领窝，中间先平收20针，然后两边减10针，方法是每2行减2针减5次，织至两边肩部全部针数收完。

3. 编织后片。

（1）用下针起针法，起106针织全下针，侧缝不用加减针，织100行至插肩袖窿。然后插肩袖窿开始减针，方法与前片袖窿一样。

（2）织至距袖窿14cm处，分两片编织，袖窿算起66行时，开始开后领窝，中间先平收32针，两边减针，每2行减2针减2次，织至两边肩部全部针数收完。

4. 编织袖片。用下针起针法，起62针，织全下针，袖下按图加针，方法是每8行加1针加11次，织至70行开始插肩减针，方法是每4行减1针减18次，至肩部与48针，收针。

5. 缝合。将前片的侧缝与后片的侧缝对应缝合。袖片的袖下分别缝合，袖片的插肩部与衣片的插肩部缝合。

6. 装饰：缝上纽扣，用钩针把后片钩边。编织完成。

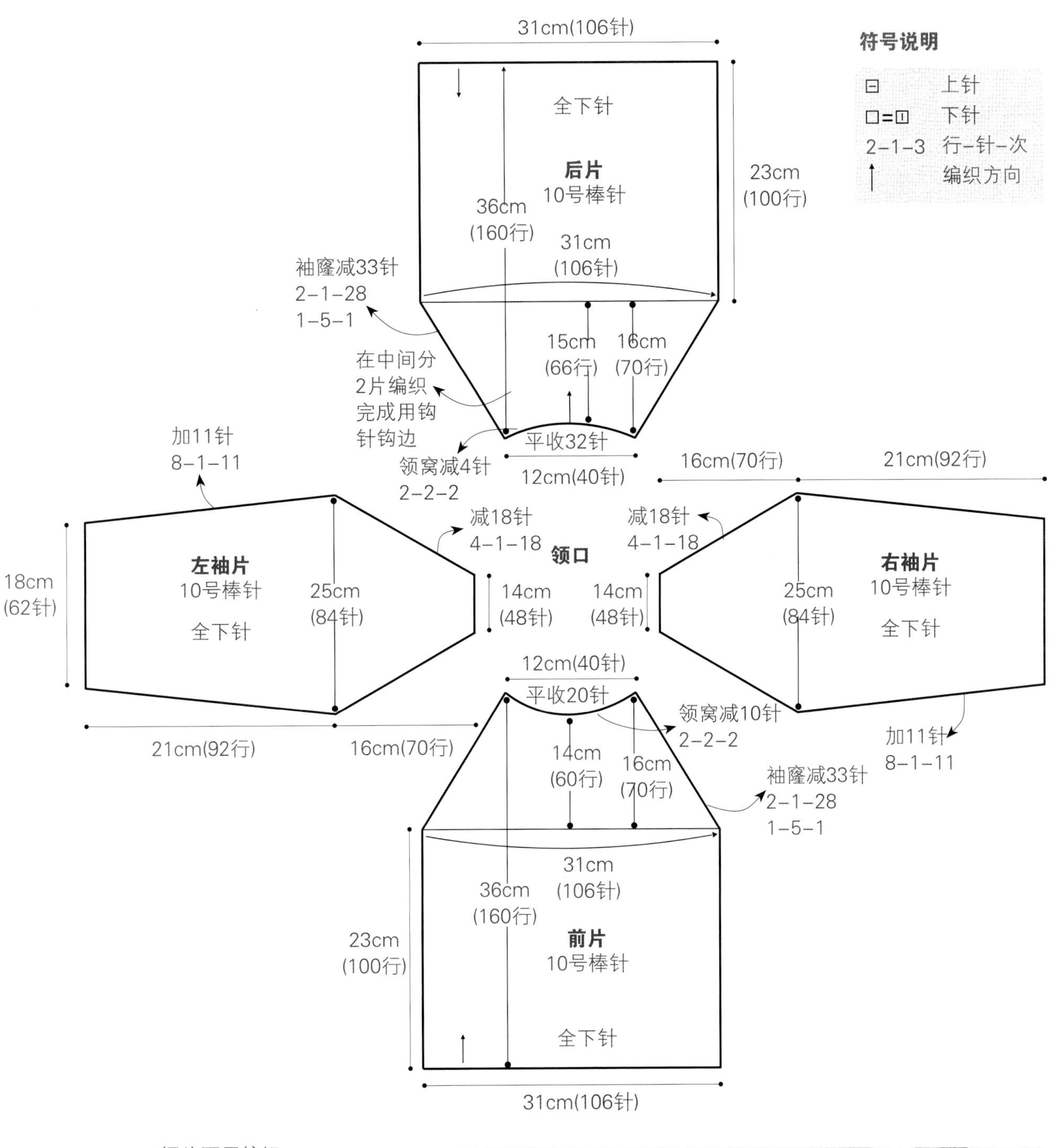

31cm(106针)
全下针
后片
10号棒针
36cm
(160行)
31cm
(106针)
23cm
(100行)
袖窿减33针
2-1-28
1-5-1
在中间分
2片编织
完成用钩
针钩边
15cm
(66行)
16cm
(70行)
平收32针
领窝减4针
2-2-2
12cm(40针)
符号说明
上针
下针
2-1-3 行-针-次
编织方向
加11针
8-1-11
16cm(70行)
21cm(92行)
18cm
(62针)
左袖片
10号棒针
全下针
25cm
(84针)
减18针
4-1-18
领口
14cm
(48针)
14cm
(48针)
减18针
4-1-18
25cm
(84针)
右袖片
10号棒针
全下针
21cm(92行)
16cm(70行)
12cm(40针)
平收20针
领窝减10针
2-2-2
加11针
8-1-11
14cm
(60行)
16cm
(70行)
袖窿减33针
2-1-28
1-5-1
31cm
(106针)
36cm
(160行)
23cm
(100行)
前片
10号棒针
全下针
31cm(106针)

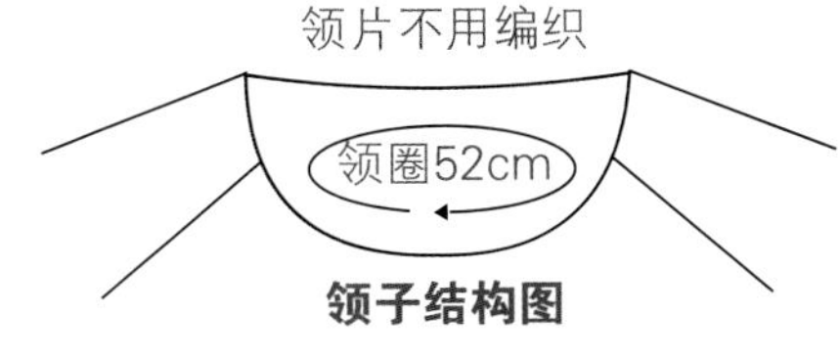

领片不用编织
领圈52cm

领子结构图

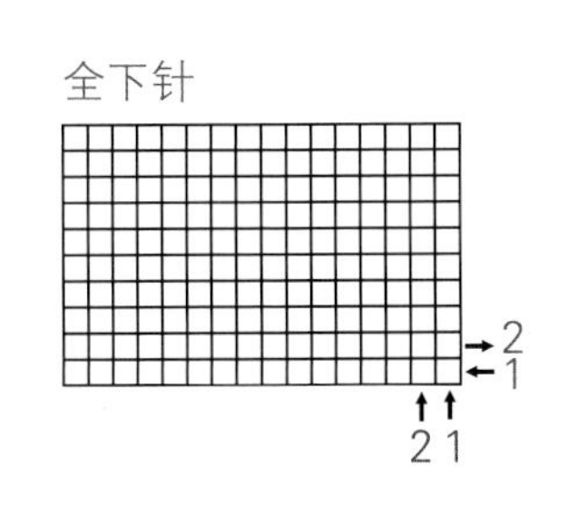

全下针
2
1
2 1

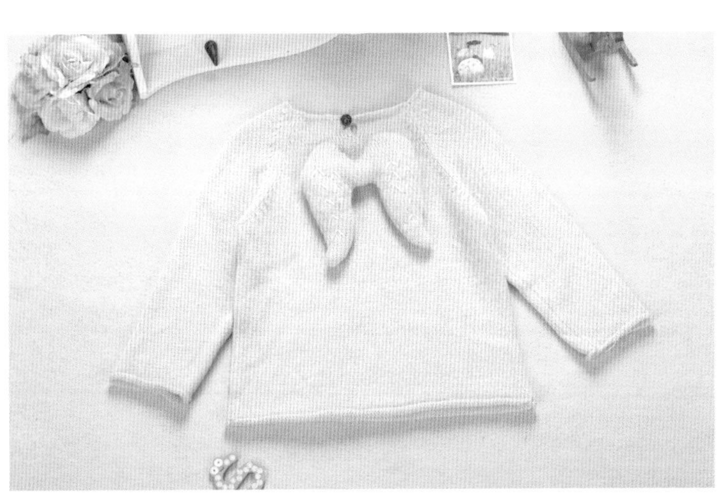

【成品规格】衣长38cm，衣宽37cm，胸宽30cm，袖长19cm

【编织密度】59针×46行=10cm^2

【工　　具】9号棒针

【材　　料】红色棉线400g

【编织要点】

1. 棒针编织法。由左前片1片、右前片1片、后片1片和口袋2片组成。

2. 前身片的编织。以右前片为例。下针起针法，起50针，起织花样A，边织边减针，左侧减10针，6-1-10，织16行后织下针。织44行后开始织袖窿，改减8针，4-1-8，织10行后右侧减针，减20针，2-2-10，平均打3个褶皱，2针与2针折叠后3针并1针，收针断线。在最右边挑6针，织上针，边织边加针，加30针，2-1-30，织20行后左边减10针，2-1-10，再织10行，右边平收6针，减30针，2-1-30。收针断线。左前片方法同右前片，方向相反。

3. 后身片的编织。下针起针法，起100针，左右两侧各减10针，6-1-10，织16行后织下针。织44行后开始织袖窿，左右两侧各改减8针，4-1-8，织10行后从中间平收12针，再往两边收针，各减20针，2-1-30。各平均打3个褶皱，2针与2针折叠后3针并1针，收针断线。在中间挑12针，织上针。边织边加针，加30针，2-1-30，织20行后，两侧减针，各减10针，2-1-10，中间平收12针，两侧各减30针，2-1-30针，10行后收针断线。

4. 袖片的编织。下针起针法，起80针，两侧边织边减针，减6针，8-1-6，织上针14行，后改织下针，织34行后两侧各减8针，4-1-8。织32行后改织上针，两侧减针，各减2针，20-1-2。织40行后收针断线。

5. 拼接。将前后片的肩部及两侧对应缝合。缝好袖片。

6. 衣襟的编织。在左右前片侧各挑98针织双罗纹16行，左前片留扣眼。收针断线。左右前片上部分各挑48针，后领挑68针，织双罗纹针24行收针断线。衣服完成。

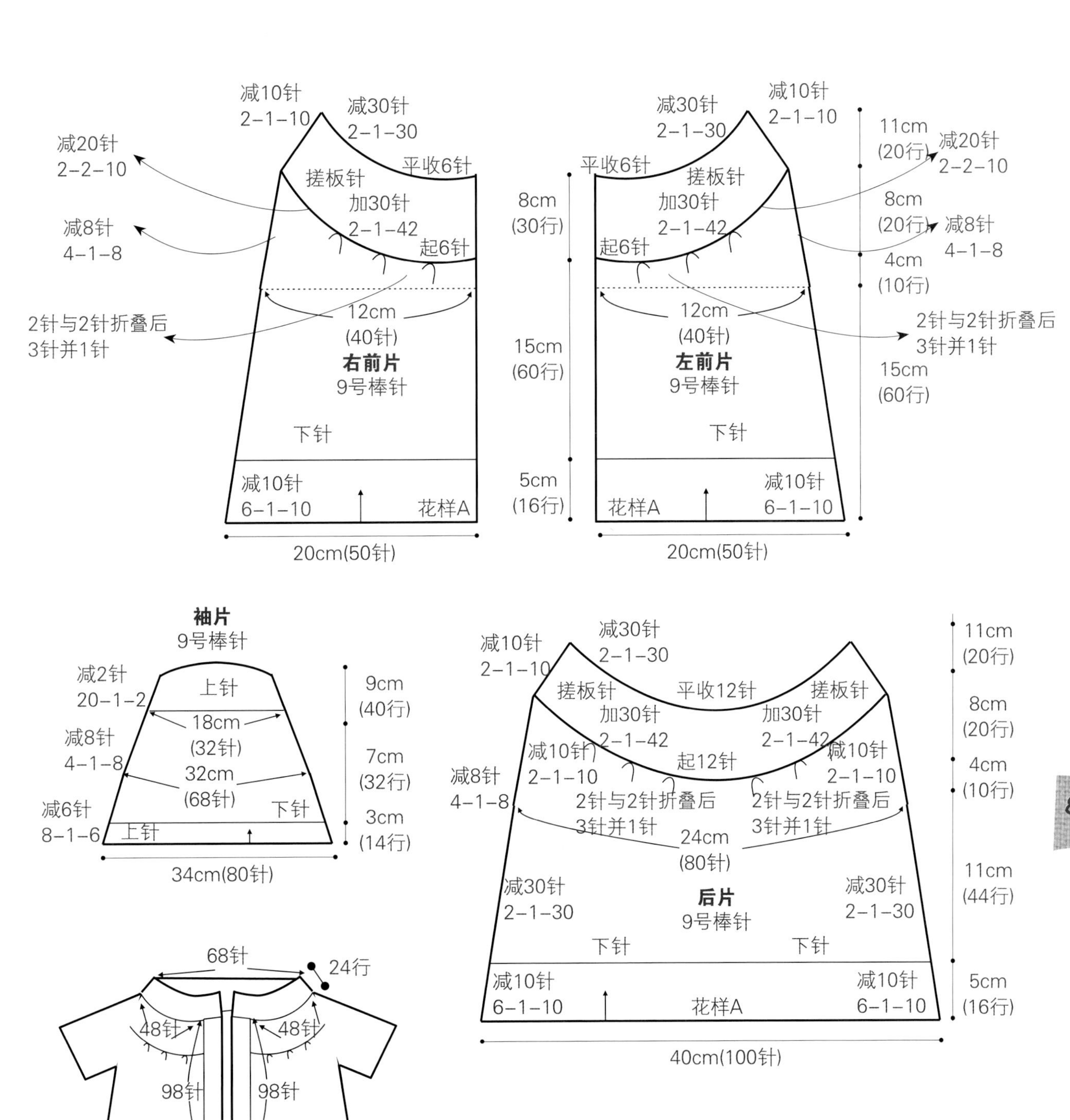

减10针
2-1-10
减30针
2-1-30
减20针
2-2-10
搓板针
平收6针
加30针
2-1-42
减8针
4-1-8
起6针
2针与2针折叠后
3针并1针
12cm
(40针)
右前片
9号棒针
下针
减10针
6-1-10
花样A
20cm(50针)
减30针
2-1-30
减10针
2-1-10
11cm
(20行)
减20针
2-2-10
平收6针
搓板针
8cm
(30行)
加30针
2-1-42
8cm
(20行)
减8针
4-1-8
起6针
4cm
(10行)
12cm
(40针)
2针与2针折叠后
3针并1针
15cm
(60行)
左前片
9号棒针
15cm
(60行)
下针
5cm
(16行)
花样A
减10针
6-1-10
20cm(50针)
袖片
9号棒针
减2针
20-1-2
上针
9cm
(40行)
18cm
(32针)
减8针
4-1-8
7cm
(32行)
32cm
(68针)
减6针
8-1-6
下针
上针
3cm
(14行)
34cm(80针)
减10针
2-1-10
减30针
2-1-30
11cm
(20行)
搓板针
平收12针
搓板针
加30针
2-1-42
加30针
2-1-42
8cm
(20行)
减10针
2-1-10
起12针
减10针
2-1-10
4cm
(10行)
减8针
4-1-8
2针与2针折叠后
3针并1针
2针与2针折叠后
3针并1针
24cm
(80针)
11cm
(44行)
减30针
2-1-30
后片
9号棒针
减30针
2-1-30
下针
下针
减10针
6-1-10
花样A
减10针
6-1-10
5cm
(16行)
40cm(100针)
68针
24行
48针
48针
98针
98针
16行 16行

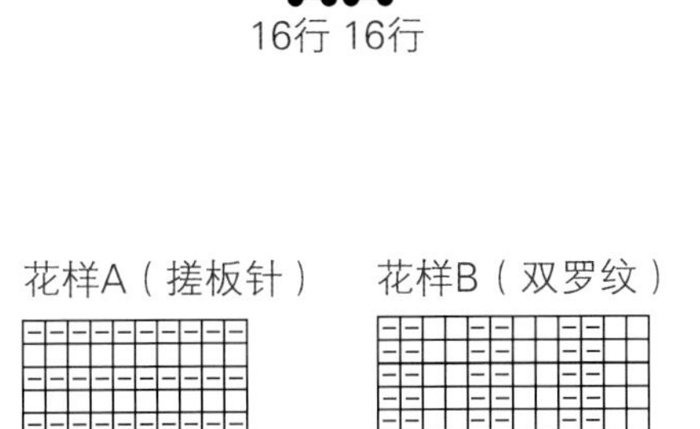

花样A（搓板针）
2
1
2 1
花样B（双罗纹）
2
1
2 1

【成品规格】衣长45cm，胸宽26cm，袖长33cm

【编织密度】25针×27行=10cm^2

【工　　具】10号棒针

【材　　料】白色羊毛线600g

【编织要点】

1. 棒针编织法，由前片2片、后片1片、袖片2片组成。从下往上织起。

2. 前片的编织。分为左前片和右前片分别编织，编织方法一样，但方向相反，以右前为例；单罗纹起针法，起30针，花样A起织，不加减针，织30行；下一行起，改织花样B，不加减针，织68行至袖窿；下一行左侧进行袖窿减针，收针2针，然后2-1-4，减6针；右侧同时进行衣领减针，2-1-16，减16针，织32行，余下8针，收针断线；用相同方法及相反方向编织左前片。

3. 后片的编织。一片织成，单罗纹起针法，起66针，花样A起织，不加减针，织30行；下一行起，改织花样B，不加减针，织68行至袖窿；下一行两侧同时进行袖窿减针，收针2针，然后2-1-4，减6针，织32行；其中自织成袖窿算起24行高度，下一行进行衣领减针，从中间收针26针，两侧相反方向减针，2-2-2，2-1-2，减6针，织8行，余下8针，收针断线。

4. 袖片的编织。单罗纹起针法，起36针，花样A起织，不加减针织24行；下一行起，改织花样B，两侧同时进行加针，10-1-4，加4针，织40行；不加减针编织12行高度；下一行起，两侧同时进行袖口减针，收针2针，然后2-1-9，减11针，织18行，余下22针，收针断线，用相同方法及相反方向编织另一袖片。

5. 拼接。将左右前片侧缝及肩部与后片对应缝合，将袖片袖口侧缝与衣身袖窿线对应缝合。

6. 衣襟的编织。从左右前片衣领位置各挑针44针，衣襟位置各挑针88针，后片挑针48针，花样C起织，不加减针，织16行，收针断线，右衣襟要制作4个扣眼。衣服完成。

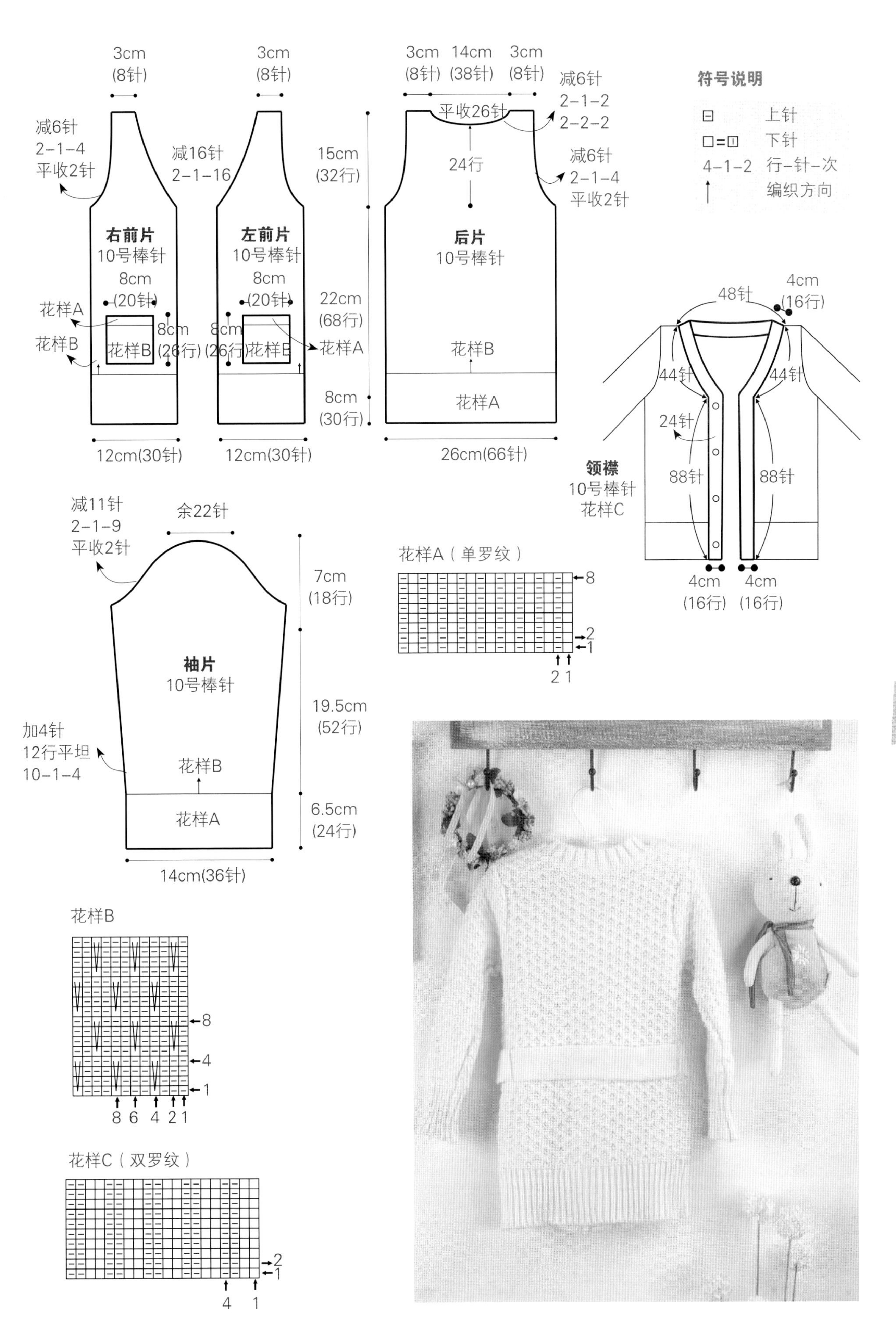

3cm
(8针)
减6针
2-1-4
平收2针
右前片
10号棒针
8cm
(20针)
花样A
花样B
8cm
(26行)
花样B
12cm(30针)
3cm
(8针)
减16针
2-1-16
左前片
10号棒针
8cm
(20针)
8cm
(26行)
花样B
花样A
12cm(30针)
3cm 14cm 3cm
(8针) (38针) (8针)
平收26针
减6针
2-1-2
2-2-2
15cm
(32行)
24行
减6针
2-1-4
平收2针
后片
10号棒针
22cm
(68行)
花样B
8cm
(30行)
花样A
26cm(66针)
符号说明
上针
下针
4-1-2 行-针-次
编织方向
48针
4cm
(16行)
44针
44针
24针
88针
88针
领襟
10号棒针
花样C
4cm
(16行)
4cm
(16行)
减11针
2-1-9
平收2针
余22针
7cm
(18行)
袖片
10号棒针
19.5cm
(52行)
加4针
12行平坦
10-1-4
花样B
花样A
6.5cm
(24行)
14cm(36针)
花样A（单罗纹）
8
2
1
2 1
花样B
8
4
1
8 6 4 2 1
花样C（双罗纹）
2
1
4 1

简洁款男童毛衣

【成品规格】衣长46cm，半胸围32cm，肩宽26cm，袖长33cm

【编织密度】28针×40行=10cm^2

【工　　具】12号棒针

【材　　料】灰色棉线450g，枣红色棉线少量

【编织要点】

前片/后片制作说明

1. 棒针编织法，衣服分为前片、后片单独编织完成。

2. 先织后片，下针起针法，起98针，起织花样A，共织8行后，改织花样B、D组合编织，织片中间织2针下针，下针的两侧各织一个花样D，共44针，余下两侧针数织花样B下针，一边织一边两侧减针，方法为20-1-4，织至108行，织片余下90针，两侧同时减针织成袖窿，各减8针，方法为1-4-1，2-1-4，织至第118行，两侧不再加减针往上编织，织至第181行时，中间留取36针不织，用防解别针扣住，两端相反方向减针编织，各减少2针，方法为2-1-2，最后两肩部余下17针，收针断线。

3. 前片的编织，编织方法与后片相同，织至第161行，开始编织衣领，方法是中间留取12针不织，用防解别针扣住，两端相反方向减针编织，各减少14针，方法为2-2-4，2-1-6，最后两肩部余下17针，收针断线。

4. 前片与后片的两侧缝对应缝合，两肩部对应缝合。

领片制作说明

1. 棒针编织法，圈织。

2. 沿着前后衣领边挑针编织，织花样C，共织52行的高度，收针断线。

袖片制作说明

1. 棒针编织法，编织两片袖片。从袖口起织。

2. 起50针，起织花样A，织8行后，改织花样B，两侧同时加针，加6-1-15，织至100行，开始编织袖山，袖山减针编织，两侧同时减针，方法为1-4-1，2-2-10，两侧各减少24针，最后织片余下32针，收针断线。

3. 同样的方法再编织另一袖片。

4. 缝合方法：将袖山对应前片与后片的袖窿线，用线缝合，再将两袖侧缝对应缝合。

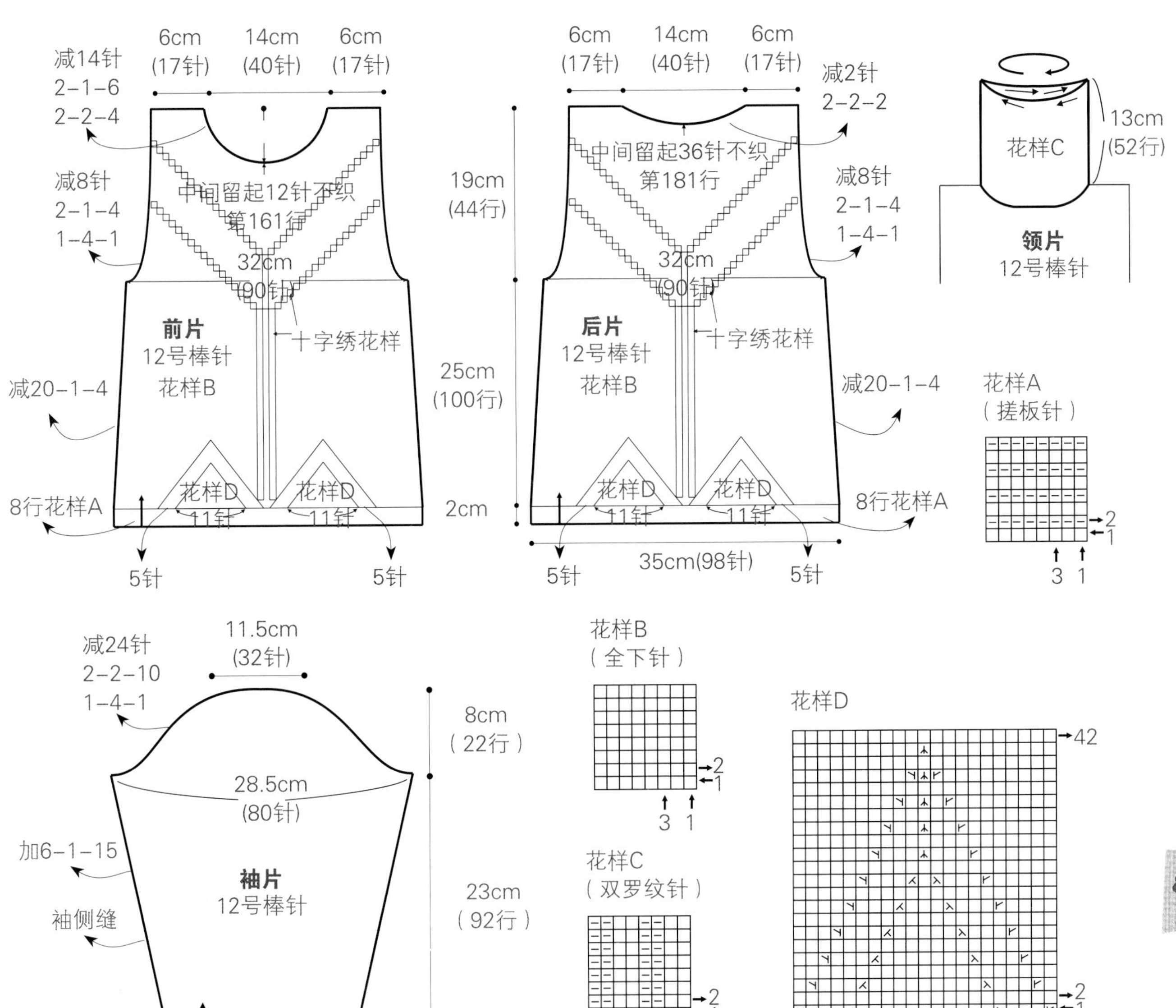

符号说明

⊟	上针
□=⊡	下针
⊼	中上3针并1针
⊿	左上2针并1针
⊿	右上2针并1针
⊿	左加针
⊿	右加针
2-1-3	行-针-次

百搭镂空中长毛衣

【成品规格】衣长39cm，胸宽32cm，肩宽30cm

【编织密度】20针×26.4行=10cm²

【工　　具】10号棒针

【材　　料】灰色丝光棉线300g

【编织要点】

1. 棒针编织法，由前片1片、后片1片、袖片2片、领片1片组成。从下往上织起。

2. 前片的编织。一片织成。起针，单罗纹起针法，起96针，起织花样A，编织16行后，开始衣身编织。不加减针，将96针分为3份，中间48针编织花样B，两侧各余24针编织下针，编织68行至袖窿。袖窿起减针，两侧同时平收5针，2-1-6，当织成袖窿算起12行时，中间平收32针，两边进行领边减针，2-2-5，2-1-5，10行平坦至肩部，各余下6针，收针断线。

3. 后片的编织。一片织成。起针，单罗纹起针法，起96针，起织花样A，编织16行后，开始衣身编织。不加减针，编织下针，编织68行后，至袖窿。袖窿起减针，两侧同时平收5针，2-1-6，当织成袖窿算起38行时，中间平收58针，两边进行领边减针，2-1-2，至肩部，各余下6针，收针断线。

4. 袖片的编织。一片织成。起针，单罗纹起针法，起50针，起织花样A，编织16行后，分散加10针共有60针，开始袖身编织。编织下针，两边侧缝加针，8-1-6，4行平坦，编织52行至袖窿。并进行袖山减针，平收5针，2-2-12，余下14针，收针断线。相同的方法去编织另一袖片。

5. 拼接。将前片的侧缝与后片的侧缝和肩部对应缝合。再将两袖片的袖山边线与衣身的袖窿边对应缝合。

6. 领片的编织。沿着前领边挑67针，后领边挑43针，编织花样A，织16行，完成后，收针断线。衣服完成。

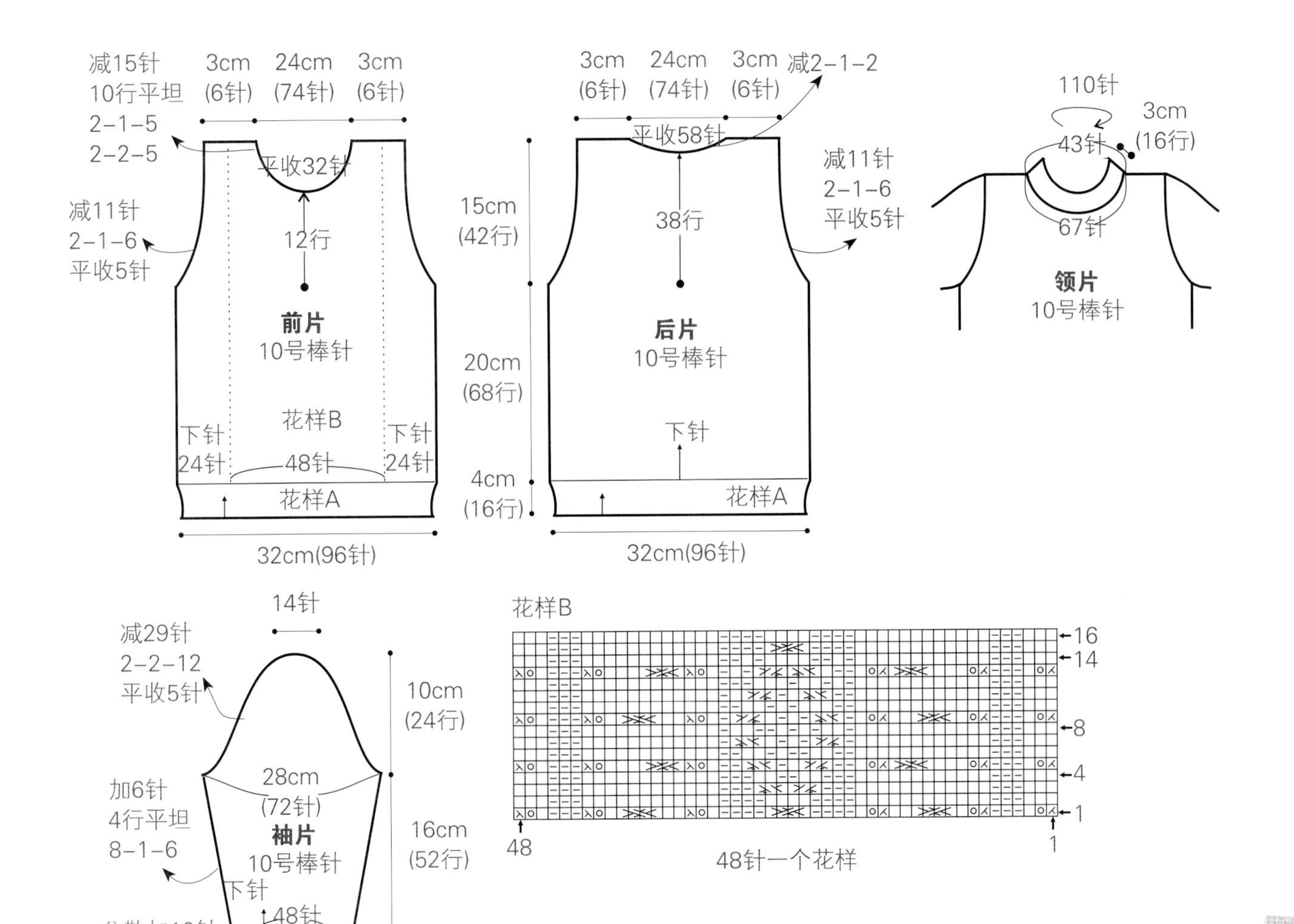

花样A

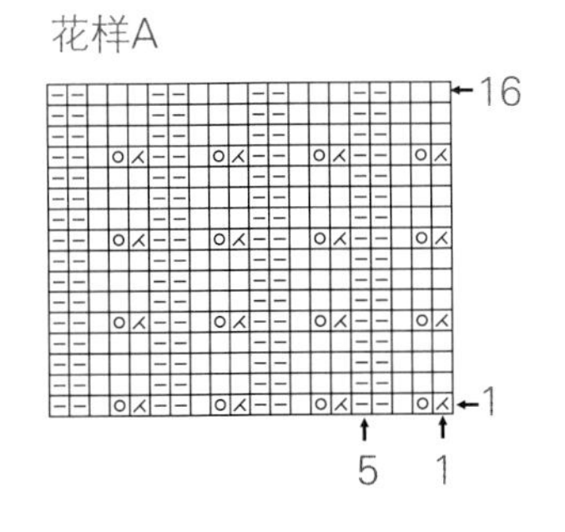

符号说明

符号	说明
⊟	上针
□=⎕	下针
⧄	左并针
⧄	右并针
◎	镂空针
	左上2针与右下2针交叉
	右上2针与左下1针交叉
2-1-3	行-针-次
↑	编织方向

【成品规格】衣长42cm，半胸围30cm，肩宽22cm，袖长30cm

【编织密度】21.5针×42行=10cm²

【工　　具】11号棒针

【材　　料】蓝色棉线400g

【编织要点】

前片/后片制作说明

1. 棒针编织法，袖窿以下一片环形编织，袖窿以上分为前片和后片分别编织。

2. 起织，单罗纹针起针法，起128针织花样A，织至106行，将织片分成前片和后片分别编织，各取64针，先织后片、前片的针数暂时留起不织。

3. 分配后片64针到棒针上，织花样A，起织时两侧减针织成袖窿，方法为1-4-1，2-1-4，织至173行，中间平收22针，两侧减针织成后领，方法为2-1-2，织至176行，两侧肩部各余下11针，收针断线。

4. 分配前片64针到棒针上，织花样A，起织时两侧减针织成袖窿，方法为1-4-1，2-1-4，织至128行，将织片从中间分成左右两片分别编织，中间按2-1-13的方法减针织成前领，织至176行，两侧肩部各余下11针，收针断线。

5. 将前片与后片的两肩部对应缝合。

袖片制作说明

1. 棒针编织法，编织两片袖片。从袖口往上环形编织。

2. 单罗纹针起针法，起48针环形编织，织花样A，织94行后，第95行将织片平收8针，余下针数往返编织，两侧减针编织袖山，方法为1-4-1，2-1-16，织至126行，织片余下8针，收针断线。

3. 同样的方法再编织另一袖片。

4. 缝合方法：将袖山对应前片与后片的袖窿线，用线缝合，再将两袖侧缝对应缝合。

领片制作说明

1. 棒针编织法，起8针织花样B，织142行的长度，收针。

2. 将织片一侧与前后领口对应缝合，再将领尖重叠缝合。

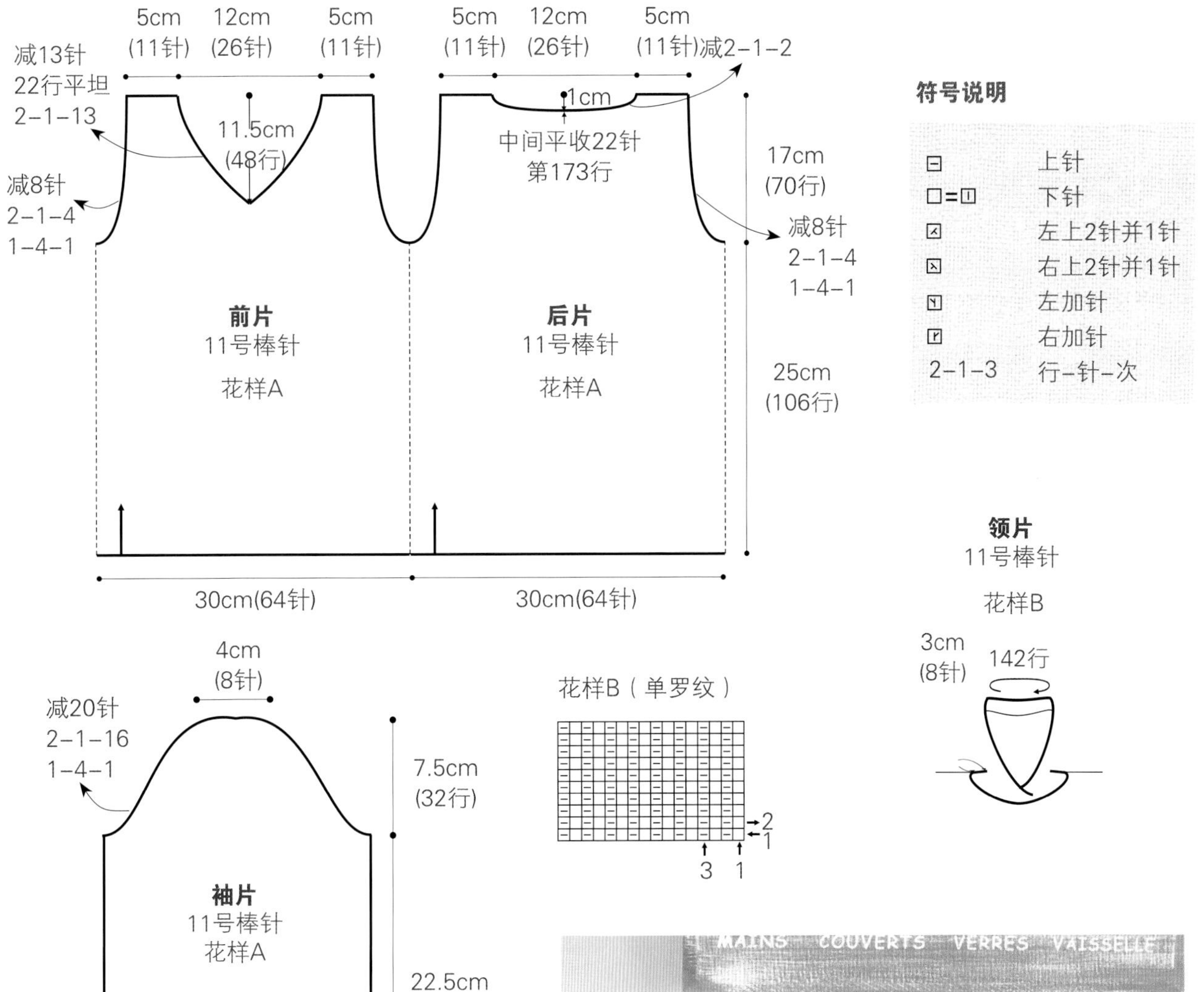

符号说明

符号	说明
−	上针
□=Ⅰ	下针
⋌	左上2针并1针
⋋	右上2针并1针
⋎	左加针
⋎	右加针
2-1-3	行-针-次

领片
11号棒针
花样B
3cm
(8针)
142行

4cm
(8针)
减20针
2-1-16
1-4-1
7.5cm
(32行)
袖片
11号棒针
花样A
22.5cm
(94行)
22.5cm(48针)

花样B（单罗纹）
→2
←1
3 1

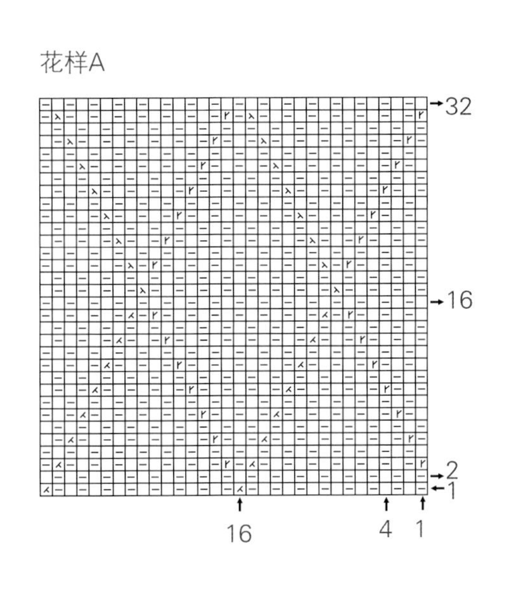

【成品规格】衣长42cm，半胸围35cm，袖长42cm

【编织密度】28针×40行=10cm^2

【工　　具】10号棒针

【材　　料】浅蓝色毛线450g

【编织要点】

前片/后片制作说明

1. 棒针编织法，衣身分为前片和后片分别编织。

2. 起织后片，下针起针法，起70针织花样A，织4行，改为花样B与花样C组合编织，中间织26针花样C，两侧余下针数织花样B，织至68行，两侧各平收4针，然后按2-1-18的方法减针织成插肩，织至104行，织片余下26针，用防解别针扣起暂时不织。

3. 起织前片，下针起针法，起70针织花样A，织4行，改为花样B与花样C组合编织，中间织26针花样C，两侧余下针数织花样B，织至68行，两侧各平收4针，然后按2-1-18的方法减针织成插肩，织至92行，第93行起将织片从中间平分成左右两片分别编织，织至104行，两织片各余下13针，用防解别针扣起暂时不织。

4. 将前片与后片的两侧缝对应缝合。

袖片制作说明

1. 棒针编织法，编织两片袖片。从袖口往上编织。

2. 单罗纹针起针法，起44针织花样D，织10行后，改织花样B，两侧加针，方法为8-1-8，织至50行，改织花样C，织至62行，改织花样B，织至68行，两侧各平收4针，然后按2-1-18的方法减针织成插肩袖山，织至104行，织片余下16针，用防解别针扣起暂时不织。

3. 同样的方法再编织另一袖片。

4. 缝合方法：将袖片插肩对应衣身插肩缝合。两将两袖侧缝对应缝合。

帽片制作说明

棒针编织法，沿领口往上往返编织。共织84针，不加减针织50行后，将织片从中间对称缝合。

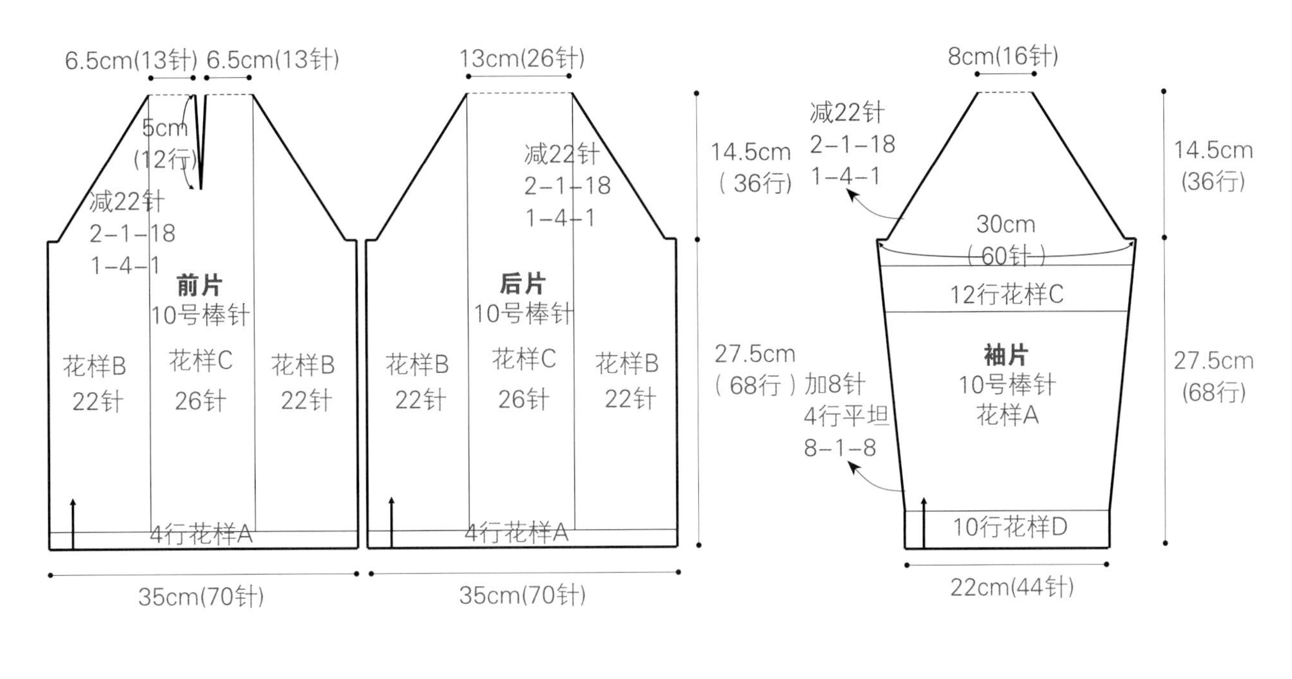

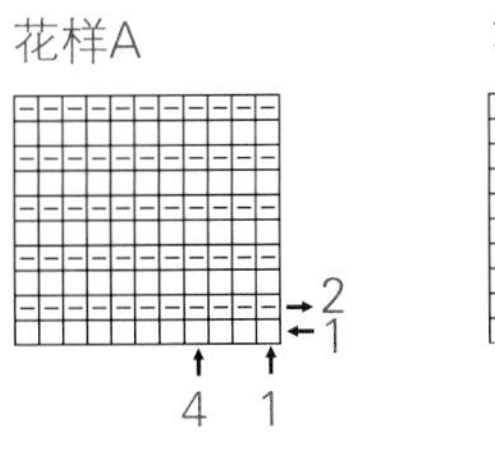

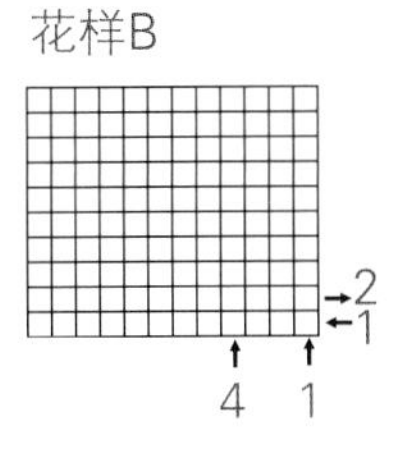

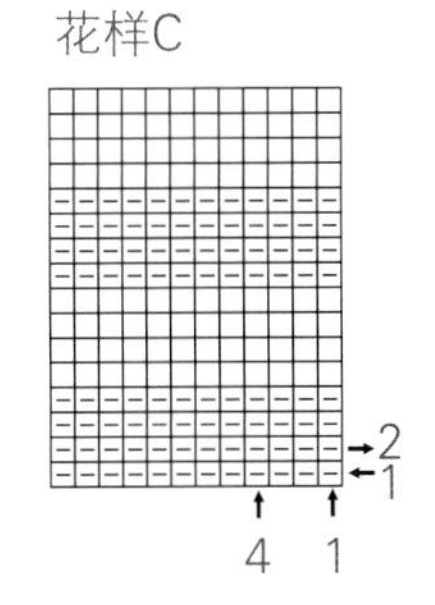

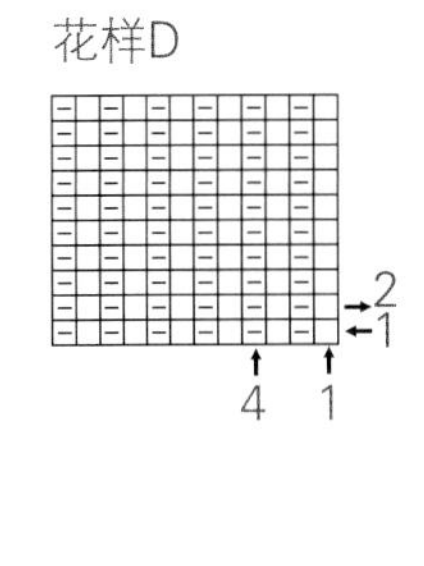

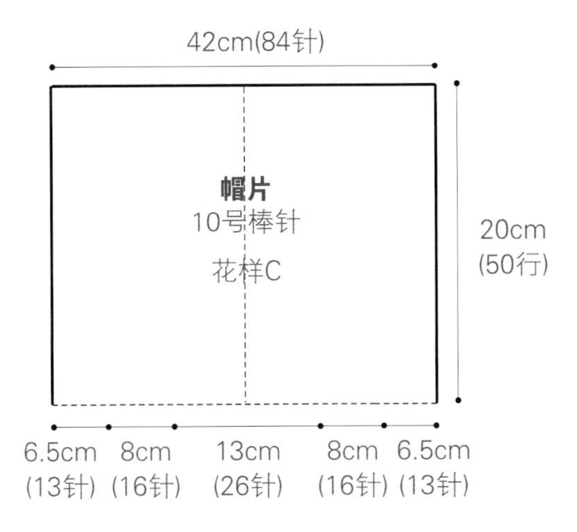

符号说明

⊟	上针
□=⊡	下针
2-1-3	行-针-次

【成品规格】衣长45cm，胸宽26cm，袖长33cm

【编织密度】25针×27行=10cm^2

【工　　具】10号棒针

【材　　料】米白色羊毛线600g

【编织要点】

1. 毛衣用棒针编织，由1片前片、2片后片、2片袖片组成，从下往上编织。

2. 编织前片。

（1） 用下针起针法起78针，编织10行花样A后，改织全下针，侧缝不用加减针，织104行至袖窿。

（2）袖窿以上的编织。两边袖窿减针，方法是每1行减5针减1次，每2行减1减4次，各减9针，余下针数不加不减织41行。

（3）同时从袖窿算起织至44行时，开始开领窝，先平收36针，然后两边减针，方法是每2行减2针减2次，共减4针，不加不减织2行至肩部余8针。

3. 编织后片。

（1）分左右两片编织，左后片用下针起针法，起39针，编织10行花样A后，改织全下针，侧缝不用加减针，织104行至袖窿。然后袖窿开始减针，方法与前片袖窿一样。

（2）余下针数不加不减，织41行至肩部余30针。同样方法，相反方向编织右后片。

4. 袖片编织：两袖片织法相同，用下针起针法起60针，编织10行花样A后，改织全下针，袖下不用加减针，织至62行开始两边减针，方法是每1行减5针减1次，每2行减2针减9次，两边共减23针，顶部余14针，形成袖山。

5. 缝合：将前片的侧缝与后片的侧缝对应缝合。前片的肩部与后片的肩部缝合，两袖片的袖下缝合后与衣片的袖窿缝合。

6. 帽片分两片编织：分别起70针，织80行全下针后，改织10行花样A，A与B缝合，帽沿重叠后，与领边缝合。

7. 装饰：后片衣襟至后帽边缝上拉链。帽子顶部用蓝色线制作一个装饰球。编织完成。

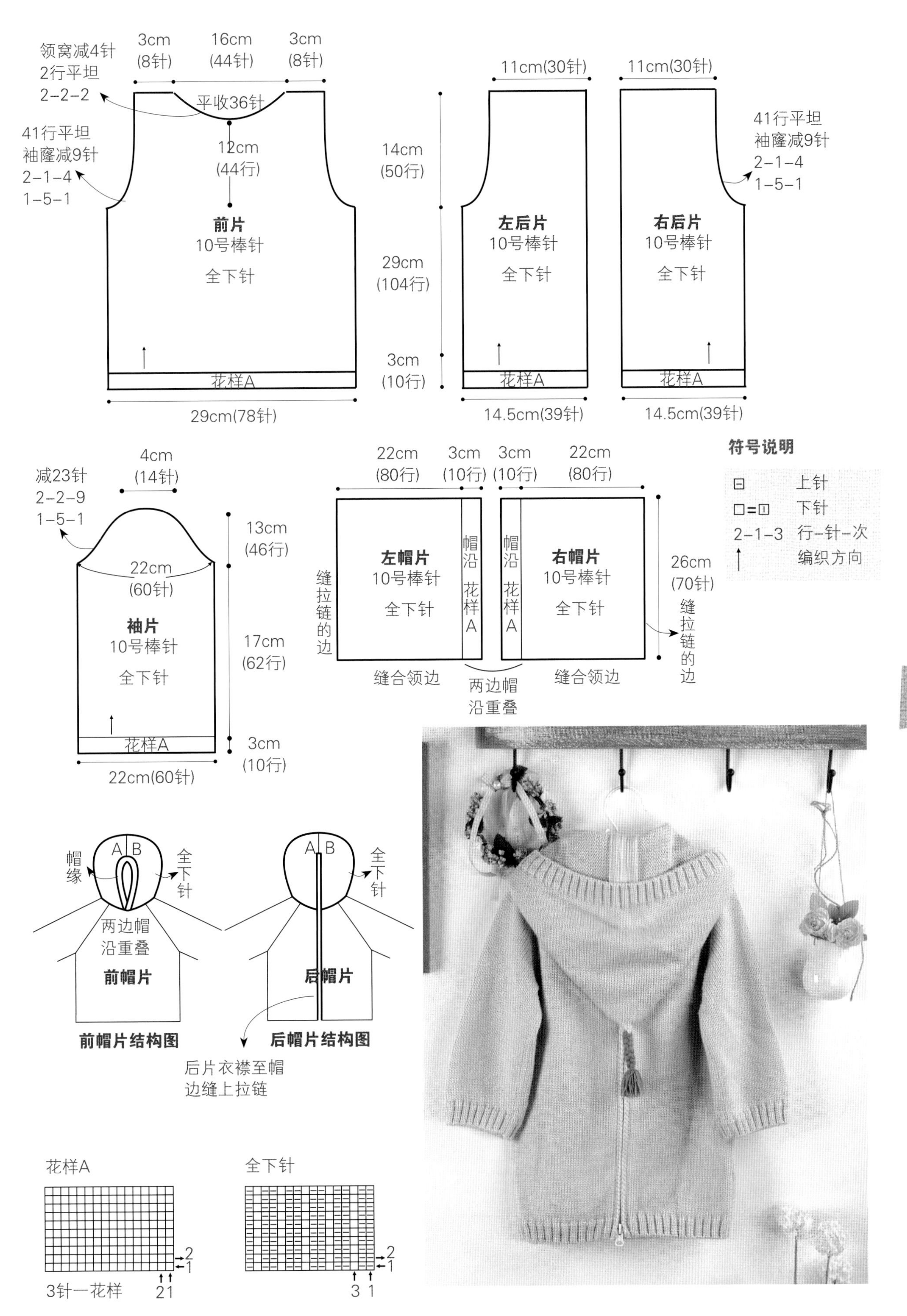
领窝减4针
2行平坦
2-2-2
3cm
(8针)
16cm
(44针)
3cm
(8针)
平收36针
12cm
(44行)
41行平坦
袖窿减9针
2-1-4
1-5-1
前片
10号棒针
全下针
花样A
29cm(78针)
14cm
(50行)
29cm
(104行)
3cm
(10行)
11cm(30针)
11cm(30针)
左后片
10号棒针
全下针
右后片
10号棒针
全下针
14.5cm(39针)
14.5cm(39针)
减23针
2-2-9
1-5-1
4cm
(14针)
22cm
(60针)
袖片
10号棒针
全下针
13cm
(46行)
17cm
(62行)
3cm
(10行)
22cm(60针)
22cm
(80行)
3cm
(10行)
3cm
(10行)
22cm
(80行)
缝拉链的边
左帽片
10号棒针
全下针
帽沿
花样A
右帽片
10号棒针
全下针
26cm
(70针)
缝合领边
两边帽沿重叠
符号说明
上针
下针
2-1-3 行-针-次
编织方向
帽缘
全下针
两边帽沿重叠
前帽片
后帽片
前帽片结构图
后帽片结构图
后片衣襟至帽边缝上拉链
花样A
3针一花样
全下针

棕色大气小外套

【成品规格】衣长32.5cm，胸围68cm，袖长32.5cm

【编织密度】26针×36行=10cm²

【工　　具】12号棒针，12号环形针

【材　　料】毛线600g

【编织要点】

前片/后片制作说明

1. 棒针编织法，袖窿以下一片编织而成，袖窿以上分成左前片、右前片、后片编织，然后连接编织帽子。

2. 起针，单罗纹起针法，起184针，来回编织，用12号棒针编织。前后身片编织花样为24行上针、24行上针，交替变换，左右前身片的衣襟处8针编织花样C为衣襟边，在右前片的衣襟边上从第5行开始每间隔32行开一个纽扣眼，共开4个扣眼。

3. 袖窿以下不加减针编织20cm，72行。

4. 袖窿以上分成左前片、后片、右前片编织，左前片和右前片各48针，后片88针，先编织后片，两边平收4针，两边均留出8针编织花样，左边8针编织花样A，右边8针编织花样B，两边花样的内侧同时减针，方法顺序为4-1-2，2-1-20，两边各减22针，剩余针数为36针，织至33cm，120行时收针断线。

5. 编织右前片，腋下平收4针，袖窿处8针编织花样A，减针在花样A的内侧进行，方法顺序为4-1-1，4-2-1交替重复减针6次，减18针，剩余针数为18针，织至33cm，120行时收针断线。对称编织左前片。

6. 身片和袖片缝合后进行帽片的编织。沿前后身片、袖片的领窝边对应挑出108针，来回编织24行上针，24行下针的交替针法，织到46行高度时，将帽子从中间分成两半，从中心向两边减针，每织2行减1针，减4次，将帽子织成72行的高度，将两边对称缝合。帽子完成。

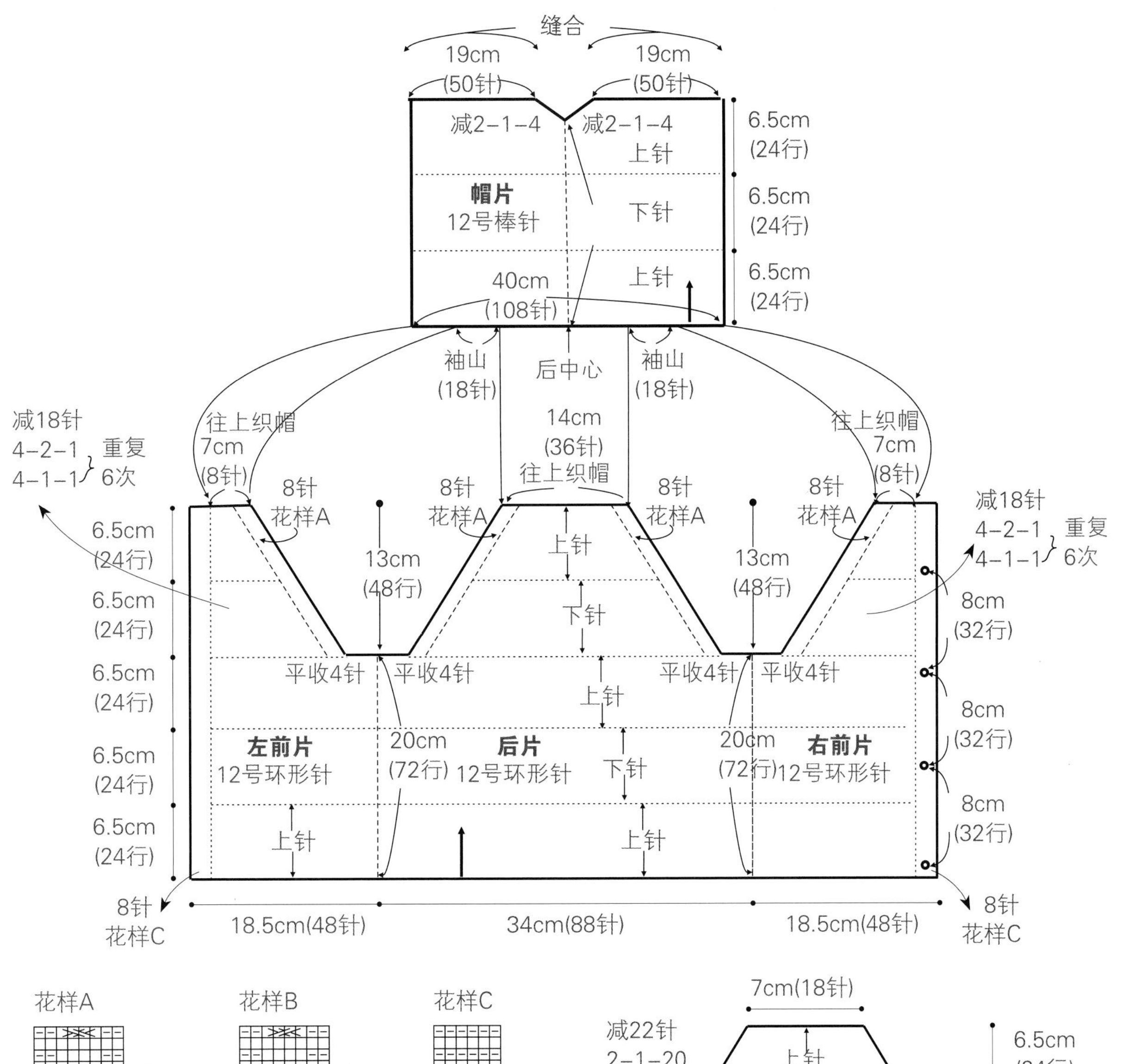

花样A

←4	
←1	

8　　21每花8针

花样B

8　　21每花8针

花样C

←2
←1

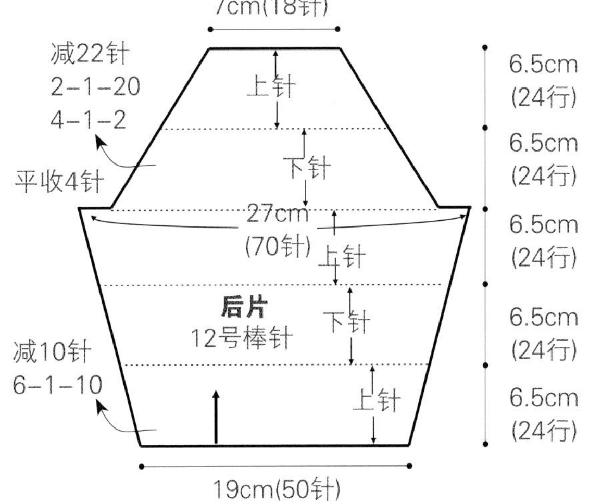

袖片制作说明

1. 袖片分2片编织，从袖口起织，至插肩领口。
2. 用12号棒针起织，单罗纹起针法，起50针。编织上针，不加减针织15行，第16行开始两侧同时加针，加针方法为每6行加1针，共加10次。针数加至70针。袖片编织花样为24行上针，24行下针，交替变换编织。
3. 编织至19.5cm，72行高度时，开始袖山编织。两端各平收针4针，然后进入减针编织，减针方法：4-1-2，2-1-20，两边各减掉22针，余下18针，收针断线 。
4. 以相同的方法，再编织另一只袖片。
5. 缝合，将袖片的袖山边与衣身的斜插肩边对应缝合。再缝合袖片的侧缝。

符号说明

- ⊟　上针
- □=⊡　下针
- (符号)　2针相交叉，右2针在上
- (符号)　2针相交叉，左2针在上
- 2-1-3　行-针-次

安眠宝宝睡袋

【成品规格】袋长74cm，胸宽36cm，肩宽36cm
【编织密度】20针×26.4行=10cm²
【工　　具】10号棒针
【材　　料】米黄线丝光棉线200g

【编织要点】

1. 棒针编织法，由前片1片、后片1片组成。从下往上织起。
2. 前片的编织。一片织成。起针，平针起针法，起62针，起织花样A，同时2-1-8进行底边加针，此时共有78针，编织100行高度。然后再编织花样B，编织8行作为睡袋边。收针断线。
3. 后片的编织。一片织成。起针，平针起针法，起62针，起织花样A，同时2-1-8。进行底边加针，此时共有78针，编织100行高度。然后将78针中间留66针继续编织花样A，两侧各余6针编织下针，作为睡袋后片的外边，编织100行后将左右两边对折对应缝合，收针断线，形成帽顶。
4. 拼接，将前片的侧缝与后片的侧缝对应缝合。睡袋完成。

36cm(78针)
14.5cm (36行)
花样B　8行
前片
10号棒针
37cm (100行)
加8针
2-1-8
花样A
34cm(62针)

花样A（单罗纹）
2
1
2 1

符号说明

符号	说明
⊟	上针
□=⊡	下针
(交叉符号)	左上3针与右下3针交叉
2-1-3	行-针-次
↑	编织方向

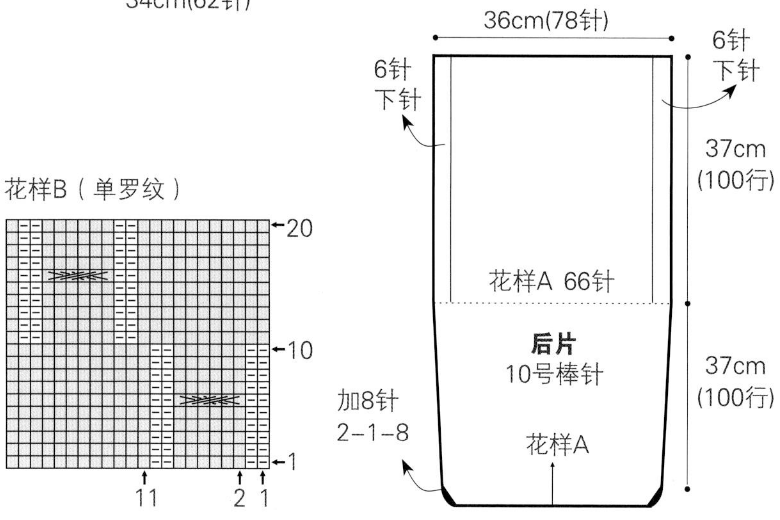